普通高等教育“十三五”规划教材

C程序设计与系统开发实践教程

C CHENGXU SHEJI YU XITONG KAIFA SHIJIAN JIAOCHENG

主　编◎祁建宏

副主编◎宿忠娥　刘　君　张　明　达文姣

中国铁道出版社有限公司
CHINA RAILWAY PUBLISHING HOUSE CO., LTD.

内容简介

本书是《C 程序设计与系统开发》（祁建宏主编）的配套实践教材。全书共分四部分（26 个实验），内容涉及 C 语言编程基础、常见算法、系统开发、常见各类典型算法等，整合了“数据结构与算法”“可视化程序设计”“软件工程”等课程的内容，参考了全国计算机等级考试二级机试习题和部分高校研究生入学考试中有关程序设计类习题的内容。通过针对性练习，可使读者的实际编程能力有质的飞跃。

本书结构新颖、内容丰富、条理清晰、重点突出，适合作为普通高等院校计算机相关专业的教材，也可作为社会培训及自学的参考读物。

图书在版编目（CIP）数据

C程序设计与系统开发实践教程/祁建宏主编. —北京：中国铁道出版社有限公司, 2020.9
普通高等教育“十三五”规划教材
ISBN 978-7-113-26164-1

Ⅰ.①C… Ⅱ.①祁… Ⅲ.①C-语言-程序设计-高等学校-教材 Ⅳ.①TP312.8

中国版本图书馆CIP数据核字(2020)第002894号

书　　名：C 程序设计与系统开发实践教程
作　　者：祁建宏

策　　划：潘晨曦　　　　编辑部电话：（010）51873628
责任编辑：汪　敏　彭立辉
封面设计：刘　颖
责任校对：张玉华
责任印制：樊启鹏

出版发行：中国铁道出版社有限公司（100054，北京市西城区右安门西街 8 号）
网　　址：http://www.tdpress.com/51eds/
印　　刷：三河市宏盛印务有限公司
版　　次：2020 年 9 月第 1 版　2020 年 9 月第 1 次印刷
开　　本：850 mm×1 230 mm 1/16　印张：13　字数：313 千
书　　号：ISBN 978-7-113-26164-1
定　　价：36.00

前言

C 语言自推向市场以来，就以其丰富的数据类型及运算符、自由灵活的编程风格、强大的硬件编程能力等独特优点，始终牢牢占领编程市场很大的份额。时至今日，许多学校的计算机语言教学，以及通信、控制等领域的软件开发，C 语言都成为首选，其所占编程市场份额长期排在前三名。

本书以实验的形式进行组织，通过编写解决实际问题的典型程序，达到掌握语言本身相关规则的目的，同时培养读者解决实际问题的能力。

本书涉及 C 语言本身的相关内容，以及“数据结构与算法”“软件工程”“可视化程序设计”等课程的部分内容，并参考了全国计算机等级考试二级机试习题和部分高校研究生入学考试中有关程序设计类习题的内容。

全书共四部分（26 个实验），其中：第一部分主要介绍 C 语言的编程基础知识；第二部分重点介绍各类典型算法，如穷举、递归、递推等；第三部分重点介绍用 C 语言开发具有完整功能模块软件的一般方法；第四部分则是针对各类编程考试的综合练习，其中第 26 个实验专门实现了计算机技术与各非计算机专业的融合。

本书有以下优点：

（1）采用“实验教学法”，将烦琐而抽象的语法规则融入具体实验当中，有助于激发学生学习兴趣，培养学生解决实际问题的能力。

（2）增加了“数据结构”的基础性内容以提高读者综合编程能力。

（3）增加了“软件工程”的基础性内容，通过完整实验介绍了软件生命周期，以便读者掌握软件开发的一般流程。

（4）针对 C 语言学习中的难点——指针及其最常见的链表，专门设置了案例以加强对这部分内容的理解及掌握。

（5）大部分习题都有源代码参考答案，以便于读者实践及验证。

（6）参考了全国计算机等级考试二级机试题的内容及部分高校研究生入学考试中有关程序设计类习题的内容，可供参加等级考试及研究生入学考试的考生参考。

（7）分类清晰，难度由简单到复杂递进，比较适合初学者或有一定编程基础的读者选择性学习。

（8）专门设置了一个实验，用计算机编程技术去解决各非计算机专业中的具体问题，实现计算机技术与其他专业的融合。

（9）开发环境采用目前 C 语言教学及考试的主流版本 VC 6.0。

本书由祁建宏任主编，宿忠娥、刘君、张明、达文姣任副主编。其中：第一部分由达文姣编写；第二部分由张明编写；第三部分由祁建宏编写；第四部分涉及内容比较广，由全体编者协作完成。全书由祁建宏统稿。

由于时间仓促，编者水平有限，虽然编写过程力求严谨，但仍难免存在疏漏与不妥之处，敬请广大读者批评指正。

编　者

2019 年 9 月

目录

第一部分 编程基础

此部分主要学习C语言编程方面的基础知识，包括基本语法规则、3种控制结构的实现方法、基本输入/输出（Input/Output，I/O）功能的实现、各类基本运算的实现、数组、自定义函数等的使用方法，以及一些基本的算法。通过基础知识的学习，读者可以更好地掌握编程语言，为将来用计算机编程解决实际问题打下良好的基础。

实验01 顺序及选择结构程序设计

一、实验目的

（1）掌握C语言中常用的赋值语句及I/O语句。

（2）掌握C语言中几种基本控制结构的实现方法。

二、实验内容

（1）编写程序，输入两个整数，分别求出其和、差、积、商并输出。

算法流程如图1-1所示。

图1-1 第（1）题算法流程

参考程序：

```
#include "stdio.h"
int main()
```

```
{
    //定义变量
    int a,b,he,cha,ji,shang;
    printf("请输入两个整数: ");
    //输入原始的两个数，来源是键盘
    scanf("%d%d",&a,&b);
    //计算和、差、积、商并分别赋给 4 个变量
    he=a+b;
    cha=a-b;
    ji=a*b;
    shang=a/b;
    printf("和、差、积、商分别为: %d %d %d %d\n",he,cha,ji,shang);
    return 0;
}
```

运行此程序，a、b 的值按表 1-1 输入，记录输出的结果，并对结果进行分析。

表 1-1　输入 a、b 的值并记录输出结果

序　号	a	b	he	cha	ji	shang
1	10	20				
2	20	10				
3	15	3				
4	14	3				
5	2.5	5.5				

（2）记录下面程序的输出结果，写在相应命令行旁边，分析各符号所起的作用。

```
#include <stdio.h>
int main()
{
    int  a;          //定义变量 a
    a=2;
    printf("a*a=%d, a+5=%d\n", a*a, a+5);
    printf("5+3=%d, 5-3=%d, 5*3=%d\n",5+3,5-3,5*3);
    printf("how are you?\n");
    return 0;
}
```

（3）记录下面程序的输出结果，分析原因。

```
#include <stdio.h>
int main()
{
    char c='a';
    int i=97;
    printf("%c,%d\n",c,c);
    printf("%c,%d\n",i,i);
    return 0;
}
```

（4）记录下面程序的输出结果，分析原因。

```
#include <stdio.h>
int main()
{
    float x,y;
    x=111111.111;
    y=222222.222;
    printf("%f",x+y);
    return 0;
}
```

（5）编一个程序，计算一元二次方程 $ax^2+bx+c=0$ 的根。

根据数学公式，设 $d=b^2-4ac$，则在 $d\geqslant 0$ 时有：

$$\begin{cases} x_1=\dfrac{-b+\sqrt{d}}{2a} \\ x_2=\dfrac{-b-\sqrt{d}}{2a} \end{cases}$$

这样，有关这个问题的算法描述如图 1-2 所示。

输入 a、b、c
d=b*b-4*a*c
x1=(-b+sqrt(d))/(2*a)　　x2=(-b-sqrt(d))/(2*a)
输出 x1 及 x2 的值

图 1-2　第（5）题算法描述

注意：此算法仅在 $d\geqslant 0$ 时有效，因此在程序运行时要保证赋予 a、b、c 的值使 $d\geqslant 0$。

参考程序：

```
#include<stdio.h>
#include<math.h>
int main()
{
    float a,b,c,d,x1,x2;
    printf("\n请输入a,b,c的值(要保证使b*b-4ac>=0): ");
    scanf("%f%f%f",&a,&b,&c);
    d=b*b-4*a*c;
    x1=(-b+sqrt(d))/(2*a);
    x2=(-b-sqrt(d))/(2*a);
    printf("x1=%f,x2=%f\n",x1,x2);
    return 0;
}
```

（6）编程输入一个整数，若为四位正整数则要求正确分离出其个、十、百、千位及中间的两位数并分别输出，如输入的是 1234，则输出应该为 4、3、2、1、23；否则给出一个出错提示。

参考程序：

```
#include <stdio.h>
int main()
```

```
{
    int x,ge,shi,bai,qian,zhongjian;
    printf("请输入一个 4 位正整数: ");
    scanf("%d",&x);
    if(x<1000||x>=10000)
    {
        printf("输入的数据不合法! \n");
        return -1;
    }
    else
    {
        ge=x%10;
        shi=x/10%10;
        bai=x/100%10;
        qian=x/1000;
        zhongjian=x/10%100;
        printf("千位: %d, 百位: %d, 十位: %d, 个位: %d, 中间两位: %d\n",qian,bai,shi,ge,
zhongjian);
        return 0;
    }
}
```

（7）任意输入 3 个数，按从大到小的降序输出。

参考程序：

```
#include <stdio.h>
int main()
{
    int x,y,z,t;
    printf("请输入 3 个整数: ");
    scanf("%d%d%d",&x,&y,&z);
    if(x<y)
    {
        t=x;x=y;y=t;
    }
    if(x<z)
    {
        t=x;x=z;z=t;
    }
    if(y<z)
    {
        t=y;y=z;z=t;
    }
    printf("%d>=%d>=%d\n",x,y,z);
    return 0;
}
```

三、实验要求

（1）总结选择结构程序设计的实现语句及注意事项。

（2）对于实验内容中的第（5）题，如果允许 a、b、c 输入任意的实数，则算法应如何改进？试画出其算法的 N–S 图或流程图，并参照原来的例子写程序。

（3）记录上机过程中所出现的相关英文信息（如菜单项名称、错误提示等），查明其含义。

实验 02 循环结构程序设计

一、实验目的

（1）熟练掌握 C 语言中常用的赋值语句及 I/O 函数。

（2）熟悉并掌握循环结构程序的设计实现方法。

二、实验内容

（1）编程计算 1+2+3+…+10000。

参考程序：

```
#include <stdio.h>
int main()
{
    int i,s;          //s 用于存放累加结果，i 用于控制循环次数，即要进行加法运算的数的个数
    s=0;
    for(i=1;i<=10 000;i++)
        s=s+i;        //左边的 s 对应 si，右边的 s 代表 si-1，而 i 对应 ai
    printf("结果为: %d\n",s);
    return 0;
}
```

（2）编程计算 1-2+3-4+5-6+…-10000。

参考程序：

```
#include <stdio.h>
int main()
{
    int i,s,p=1;      //p 用于表示每个加法项前的符号，s 用于存放累加结果
                      //i 用于控制循环次数，即要进行加法运算的数的个数
    s=0;
    for(i=1;i<=10000;i++)
    {
        s=s+p*i;      //左边的 s 对应 si，右边的 s 代表 si-1，而 p*i 对应 ai
        p=-p;         //每进行一次运算，符号取反
    }
    printf("结果为: %d\n",s);
    return 0;
}
```

（3）编程计算 2+4+6+…+100 的结果。

参考程序：

```
#include <stdio.h>
int main()
{
    int i,s;        //s 用于存放累加结果 ,i 用于控制循环次数，即要进行加法运算的数的个数
    s=0;
    for(i=1;i<=50;i++)// 共 50 项
        s=s+2*i;    // 左边的 s 对应 si，右边的 s 代表 si-1，而 2*i 对应 ai
    printf(" 结果为: %d\n",s);
    return 0;
}
```

（4）编程计算下面表达式的值，其中的 n 在程序运行时由用户通过键盘输入。

$$1+\frac{1}{3}+\frac{1}{5}+\frac{1}{7}+\frac{1}{9}+\cdots+\frac{1}{2n-1}$$

参考程序：

```
#include <stdio.h>
int main()
{
    int i,n;
    double s;           // 因为结果有小数，故而应该定义为实型，此处选 double 型
    printf(" 请输入项数: ");
    scanf("%d",&n);
    s=0;
    //i 用于控制循环次数，也即要进行加法运算的数的个数
    for(i=1;i<=n;i++)    //n 对应项数
        s=s+1.0/(2*i-1);// 左边的 s 对应 si，右边的 s 代表 si-1，而 1.0/(2*i-1) 对应 ai
    // 因为 (2*i-1) 为整数，而每个 ai 应该是实数，为产生实数除效果，选 1.0 去除以 (2*i-1) 而非 1
    printf(" 结果为: %f\n",s);
    return 0;
}
```

（5）根据数学方面的知识，圆周率的计算可按下式进行：

$$\frac{\pi}{4}\approx 1-\frac{1}{3}+\frac{1}{5}-\frac{1}{7}+\frac{1}{9}+\cdots+\frac{1}{2n-1}$$

编程序计算圆周率，并试着将 n 取不同的值（至少在 100 以上），看看算出的结果有何不同。

参考程序：

```
#include <stdio.h>
int main()
{
    int i,n;
    int p=1;      // 用于表示各项的正或负符号
```

```
    double s;                    //因为结果有小数，故而应该定义为实型，这儿选 double 型
    printf("请输入项数：");
    scanf("%d",&n);
    s=0;
    //i 用于控制循环次数，即要进行加法运行的数的个数
    for(i=1;i<=n;i++)            //n 对应项数
    {
        s=s+1.0/(2*i-1)*p;       //左边的 s 对应 si，右边的 s 代表 si-1，而 1.0/(2*i-1) 对应 ai
        p=-p;                    //符号取反
    }
    //因为 (2*i-1) 为整数，而每个 ai 应该是实数，为产生实数除效果，选 1.0 去除以 (2*i-1)
    //而非 1
    printf("结果为：%f\n",4*s);
    return 0;
}
```

分析：以上几个题都有一个共同点：求若干个数的和，即所谓的累加。

按数学方面的性质，设 S_i 代表前 i 项之和，则有如下公式：

$$\begin{cases} S_i = 0 & ,i = 0 \\ S_i = S_{i-1} + a_i & ,i \geqslant 1 \end{cases}$$

其中，a_i 表示原式中第 i 项的值。以第（3）题为例，按表 1-2 所示进行计算，即可得到相应结果。

表 1-2　计算条件及说明

i	S_i	a_i	说　明
0	S_i=0		S_i 对应 S_0
1	S_i=S_i+a_i	a_i 取 2	左边 S_i 对应 S_1，右边 S_i 对应 S_0
2	S_i=S_i+a_i	a_i 取 4	左边 S_i 对应 S_2，右边 S_i 对应 S_1
3	S_i=S_i+a_i	a_i 取 6	左边 S_i 对应 S_3，右边 S_i 对应 S_2
4	S_i=S_i+a_i	a_i 取 8	左边 S_i 对应 S_4，右边 S_i 对应 S_3
…	…	…	…

可见，只要按上述步骤进行足够多的“S_i=S_i+a_i”操作，就可计算出最终所需要的 S_i。在不同的步骤，S_i 及 a_i 代表不同的数据，此计算过程是一个重复进行的过程，可通过循环结构实现。

三、实验要求

（1）写出所有的程序，运行调试，验证结果。

（2）总结设计程序时应注意的一些细节问题（如数据的输入、输出，数据的类型等）。

（3）总结循环结构程序各种控制语句的使用方法及特点。

实验 03　3 种程序控制结构的综合练习

一、实验目的

（1）熟练掌握 C 语言中 3 种基本控制结构的实现方法。

（2）掌握 3 种控制结构的嵌套使用方法。

二、实验内容

(1) 输入两个正整数 m 和 n，求其最大公约数和最小公倍数（利用辗转相除法）。

参考程序：

```
#include<stdio.h>
int main()
{
    int m,n,r,s;
    printf("请输入两个正整数: ");
    scanf("%d%d",&m,&n);
    //保证 m>=n
    if(m<n)
    {
        r=m;
        m=n;
        n=r;
    }
    //计算两数之积，以方便后面求最小公倍数，最小公倍数为两数之积除以最大公约数
    s=m*n;
    //用辗转相除法求两数的最大公约数，结果在 m 中
    do
    {
        r=m%n;
        m=n;
        n=r;
    }while(r!=0);
    printf("最大公约数为 %d，最小公倍数为 %5d\n",m,s/m);
    return 0;
}
```

(2) 一球从 100 m 高度自由落下，每次落地后反跳回原高度的一半，再落下，求它在第 10 次落地时，共经过多少米？第 10 次反弹多高？

参考程序：

```
#include <stdio.h>
#define N 10
int main()
{
    //说明: 弹起后落下算一次
    double h=100,s=100;
    int i=1;
    for(i=1;i<=N;i++)
    {
        s=s+h;      //经过的距离累加
        h=h/2;      //高度减半
        printf("第 %2d 次落地时经过 %6.2f 米，反弹高度为 %8.4f 米 \n",i,s,h);
    }
    return 0;
}
```

（3）在屏幕上输出如下图案（输出的行数由输入的值来控制）：

*

**

***

****

*****

参考程序：

```
#include <stdio.h>
int main()
{
    int i,j,n;
    printf("请输入行数：");
    scanf("%d",&n);
    //控制行数
    for(i=1;i<=n;i++)
    {
        //输出当前行中的星号，第i行的个数为i个
        for(j=1;j<=i;j++)
            printf("*");
        //输出完一行后换行
        printf("\n");
    }
    return 0;
}
```

（4）求 1+2!+3!+…+20! 的和。

参考程序：

```
#include <stdio.h>
#define N 20
int main()
{
    int i;
    double s=0,p=1;
    //p中存放当前项的阶乘值，s存放和
    //由于阶乘及和都可能很大，因此定义为浮点型，此处选double型
    for(i=1;i<=N;i++)
    {
        s=s+p;
        p=p*(i+1);
    }
    printf("\n结果为：%.0f\n",s);
    return 0;
}
```

（5）求一个不多于 5 位的正整数是几位数。

分析：可以用每次整除以 10 的办法，观察除几次后商为 0，除的次数就是位数，这种方法通用性比较好。

参考程序：

```
#include <stdio.h>
int main()
{
    int n,i=0;
    printf("输入一个正整数：");
    scanf("%d",&n);
    do
    {
        n=n/10;                 //整除以 10
        i++;
    }while(n!=0);
    printf("这个数是 %d 位数！\n",i);
    return 0;
}
```

(6) 编程将 1~100 间能被 2、3、5 分别整除的数的和求出并输出。注意，判断时要按照 2、3、5 的先后次序进行，如 6 既能被 2 整除，又能被 3 整除，则只算到能被 2 整除的这种情况中。

参考程序：

```
#include <stdio.h>
int main()
{
    int i,s2=0,s3=0,s5=0;      //s2、s3、s5 分别存放 3 个和
    for(i=1;i<=100;i++)
        if(i%2==0)
            s2+=i;
        else
            if(i%3==0)
                s3+=i;
            else
                if(i%5==0)
                    s5+=i;
    printf("1--100 中能被 2、3、5 分别整除的数的和为：%d，%d，%d\n",s2,s3,s5);
    return 0;
}
```

(7) 编程将 1~100 间能被 2、3、5 整除的数的和求出并输出。注意，在判断时如果某数能同时被多个数整除，则要算到多种情况中，如 6 既能被 2 整除，又能被 3 整除，则要同时算到能被 2 整除和能被 3 整除这两种情况中。

参考程序：

```
#include <stdio.h>
int main()
{
    int i,s2=0,s3=0,s5=0;
    for(i=1;i<=100;i++)
    {
        if(i%2==0)
            s2+=i;
        if(i%3==0)
```

```
                s3+=i;
            if(i%5==0)
                s5+=i;
        }
        printf("1--100 中能被 2、3、5 分别整除的数的和为: %d, %d, %d\n",s2,s3,s5);
        return 0;
    }
```

（8）编程序输出 1~1000 内的所有素数。素数是指除了能被 1 和它本身之外不能被其他数整除的数。

参考程序：

```
    #include <stdio.h>
    int main()
    {
        int i,j,sf,count=0;           //count 用于统计素数的个数
        for(i=1;i<=1000;i++)          //1~1000 内逐个取值
        {
            // 判断 i 是否为素数
            sf=1;                     //sf 为 1 代表是素数，为 0 代表不是素数
            j=2;
            while((j<i)&&(sf==1))
                if(i%j==0)
                    sf=0;
                else
                    j++;
            if(sf==1)                 // 是则输出并使个数增 1
            {
                printf("%8d",i);
                count++;
            }
        }
        printf("\n1--1000 范围内共有 %d 个素数! \n",count);
        return 0;
    }
```

（9）制作月历。输入某年某月，输出该月月历。

问题分析：要输出某个月份的月历，需要知道该月有多少天，第一天是周几。如果月份为 1、3、5、7、8、10 或 12，则天数为 31 天；如果月份为 4、6、9、11，则天数为 30 天；如果是 2 月份，则要判断当年是否是闰年，闰年则天数为 29 天，否则为 28 天。

判断闰年的标准：能被 4 整除且不能被 100 整除或者能被 400 整除。

确定某一天是周几，可以采用基姆拉尔森计算公式：

$$W=(d+2*m+3*(m+1)/5+y+y/4-y/100+y/400) \bmod 7$$

式中，d 表示日期中的日数 +1，m 表示月份，y 表示年份。如果月份是 1 月和 2 月，则应看成是上一年的 13 月和 14 月。计算结果就是实际的星期，即“1”为星期 1，…，“7”为星期日。例如，如果是 2013-1-2，则换算成 2012-13-2 来代入公式计算。例如，2013-7-17，计算时 d=18，m=7，y=2013。

输出月历时，要注意格式，先确定第 1 日的输出位置。日期减 1 再加上第一天的星期数，模 7 取余则是其他日期的星期数，余 0，则为星期日。

算法描述：定义 4 个变量 year、month、days 和 firstday，存储年份、月份、该月天数和该月第一天周几。

上述问题的求解过程以算法的形式描述为：

①输入年份和月份，保存于变量 year 和 month 中。

②如果输入的年份小于或等于 0 或月份不是 1 ～ 12 的值，则输出错误，执行①；否则执行③。

③计算该月天数：

- 如果 month 等于 1、3、5、7、8、10 或 12，则 days=31。
- 如果 month 等于 4、6、9 或 11，则 days=30。
- 如果 month 等于 2，则判断 year 值：如果 year 能被 4 整除且不能被 100 整除，或者能被 400 整除，则 days=29；否则 days=28。

④计算该月第一天周几：采用基姆拉尔森计算公式，其中 d=2；如果 month 为 1 或 2，则 m=13 或 14，y=year-1；如果 month 不为 1 或 2，则 m=month，y=year。

⑤输出月历：

- 根据 firstday 的值，先确定第 1 日的输出位置。
- 日期减 1 再加上第一天的星期数，模 7 取余则是其他日期的星期数。

参考程序：

```
#include <stdio.h>
#include <conio.h>
int main()
{
    int year,month,days,firstday;
    int y,m,d;
    int i;
    /* 输入年份和月份 */
    printf(" 请输入年份和月份: \n");
    scanf("%d%d",&year,&month);
    /* 计算该月天数 */
    if(year<=0 || month<1 && month>12)
        printf(" 输入的年份或月份有误! \n");
    else
        if(month==1 || month==3 || month==5 || month==7 || month==8 || month==10 ||
        month==12)
            days=31;
        else
            if(month==4 || month==6 || month==9 || month==11)
                days=30;
            else
                if(month==2)
                {
                if((year%4==0 && year%100!=0) || (year%400==0))
                    days=29;
                else
                    days=28;
                }
    /* 计算该月第一天周几，采用基姆拉尔森计算公式 */
```

```
d=2;
if(month==1)
{
    m=13;
    y=year-1;
}
else
   if(month==2)
   {
       m=14;
       y=year-1;
   }
   else
   {
       m=month;
       y=year;
   }
firstday=(d+2*m+3*(m+1)/5+y+y/4-y/100+y/400)%7;
/*打印输入月历*/
printf("%d 年%d 月月历: \n",year,month);
printf("日 一 二 三 四 五 六\n");
switch(firstday)
{
   case 0:
       printf("%2d",1);
       break;
   case 1:
       printf("%5d",1);
       break;
   case 2:
       printf("%8d",1);
       break;
   case 3:
       printf("%11d",1);
       break;
   case 4:
       printf("%14d",1);
       break;
   case 5:
       printf("%17d",1);
       break;
   case 6:
       printf("%20d\n",1);
       break;
   default:
       printf("Error!\n");
       break;
}
for(i=2;i<=days;i++)
{
   if((firstday+i)%7==1)
       printf("%2d",i);
```

```
        else
            printf("%3d",i);
        if((firstday+i)%7==0)
            printf("\n");
    }
    printf("\n");
    return 0;
}
```

（10）诚实族和说谎族是来自两个荒岛的不同民族，诚实族的人永远说真话，而说谎族的人永远说假话。有一天小明遇到来自这两个民族的 3 个人，为了调查这 3 个人都是什么族的，小明问了他们一个问题，以下是他们的对话：

问："你们是什么族？"，第一个人答："我们之中有两个来自诚实族。"第二个人说："不要胡说，我们 3 个人中只有一个是诚实族的。"第三个人听了第二个人的话后说："对，就是只有一个诚实族的。"

请根据他们的回答判断他们分别是哪个族的。

参考程序：

```
#include<stdio.h>
int main()
{
    /* 定义 3 个整型变量，分别表示 3 人属于哪个族，1 表示诚实族，0 表示说谎族 */
    int a,b,c;
    for(a=0;a<=1;a++)  // 穷举各种可能性
        for(b=0;b<=1;b++)
            for(c=0;c<=1;c++)
                if((a && a+b+c==2 || !a && a+b+c!=2)&&
                   (b && a+b+c==1 || !b && a+b+c!=1)&&
                   (c && a+b+c==1 || !c && a+b+c!=1))
                {
                    printf("A 属于 %s。\n",a?" 诚实族 ":" 说谎族 ");
                    printf("B 属于 %s。\n",b?" 诚实族 ":" 说谎族 ");
                    printf("C 属于 %s。\n",c?" 诚实族 ":" 说谎族 ");
                }
    return 0;
}
```

三、实验要求

（1）写出所有的程序，运行调试，验证结果。

（2）总结设计一般程序时应注意的一些细节问题（如数据的输入、输出和数据的类型等）。

（3）总结 3 种控制结构混合使用的方法及注意事项。

实验 04 数组与字符串

一、实验目的

（1）掌握 C 语言中一维及二维数组的基本操作。

（2）掌握字符串的基本操作。

二、实验内容

(1) 输入某个班（不超过 100 人）数学课成绩，将不低于平均成绩的那部分人员的成绩输出。

参考程序：

```
#include <stdio.h>
#include <stdlib.h>           //其中包含后面要用到的 system() 函数
#define RENSHU 100            //总人数
int main()
{
    int chengji[RENSHU],i;
    //sum 用于存放总分，初值为 0，average 用于存放平均分
    float sum=0,average;
    printf("\n 请逐个输入全班所有人（%d 个）的数学课成绩：\n",RENSHU);
    for(i=0;i<RENSHU;i++)     //输入原始成绩，从 0 号元素开始存放
        scanf("%d",&chengji[i]);
    for(i=0;i<RENSHU;i++)     //累加求总分
        sum+=chengji[i];      //等价于 sum=sum+chengji[i];
    average=sum/RENSHU;       //计算平均成绩
    printf("\n 平均成绩为：%.2f",average);
    printf("\n 不低于平均成绩的那一部分成绩如下：\n");
    for(i=0;i<RENSHU;i++)     //输出不低于平均分的那部分成绩
        if(chengji[i]>=average)
            printf("%4d",chengji[i]);
    printf("\n");
    //用 system() 函数调用 OS 系统命令 pause 实现暂停，以方便用户看清结果
    system("pause");
    return 0;
}
```

(2) 输入 20 个数，先按原来顺序输出，再将数组中元素逆置后输出，即将第 1 个数与第 20 个互换，第 2 个数与第 19 个互换……

参考程序：

```
#include <stdio.h>
#define N 20
int main()
{
    int i;
    double a[N+1];           //多定义一个元素，数据从 1 号元素开始存放以便与日常习惯一致
    printf("请输入数据（%d 个）：",N);
    for(i=1;i<=N;i++)
        scanf("%lf",&a[i]);
    printf("\n 按原序输出：\n");
    for(i=1;i<=N;i++)
        printf("%8.2f",a[i]);
    //逆置，即按相应要求互换
    for(i=1;i<=N/2;i++)      //N 个数共换 N/2 次
    {
```

```
        a[0]=a[i];          //a[i] 与 a[N-i+1] 通过 0 号元素实现互换
        a[i]=a[N-i+1];
        a[N-i+1]=a[0];
    }
    printf("\n 按逆序输出: \n");
    for(i=1;i<=N;i++)
        printf("%8.2f",a[i]);
    printf("\n");
    return 0;
}
```

(3) 从键盘上输入 10 个整数，放入一维数组中，然后将其前 5 个元素与后 5 个元素对换，即第 1 个元素与第 6 个元素互换，第 2 个元素与第 7 个元素互换……第 5 个元素与第 10 个元素互换。分别输出数组原来各元素的值和对换后各元素的值。

参考程序：

```
#include <stdio.h>
#define N 10
int main()
{
    int i;
    double a[N+1];// 多定义了一个元素，数据从 1 号元素开始存放以便跟日常习惯一致
    printf(" 请输入数据 (%d 个): ",N);
    for(i=1;i<=N;i++)
        scanf("%lf",&a[i]);
    printf("\n 按原序输出: \n");
    for(i=1;i<=N;i++)
        printf("%8.2f",a[i]);
    // 按相应要求互换
    for(i=1;i<=N/2;i++)          //N 个数共换 N/2 次
    {
        a[0]=a[i];               //a[i] 与 a[N/2+i] 通过 0 号元素实现互换
        a[i]=a[N/2+i];
        a[N/2+i]=a[0];
    }
    printf("\n 按新的顺序输出: \n");
    for(i=1;i<=N;i++)
        printf("%8.2f",a[i]);
    printf("\n");
    return 0;
}
```

(4) 从键盘输入一组数，先按原来顺序输出，再将其中最大的一个找出来与第一个元素交换（即将最大的一个放到最前面），最后将所有数重新输出。

参考程序：

```
#include <stdio.h>
#define N 10
int main()
```

```
{
    int i,maxi;
    double a[N+1];
    printf("请输入数据(%d个): ",N);
    for(i=1;i<=N;i++)
        scanf("%lf",&a[i]);
    printf("\n按原序输出: \n");
    for(i=1;i<=N;i++)
        printf("%8.2f",a[i]);
    //找最大数
    maxi=1;        //先假定第一个数最大,maxi存放其下标,然后再与后面每个数逐个比较
    for(i=2;i<=N;i++)
        if(a[i]>a[maxi])
            maxi=i;
    //跟第一个互换
    a[0]=a[1];
    a[1]=a[maxi];
    a[maxi]=a[0];
    printf("\n按新次序输出: \n");
    for(i=1;i<=N;i++)
        printf("%8.2f",a[i]);
    printf("\n");
    return 0;
}
```

(5)输入一组数,先按原来的顺序输出,再找出其中最大及最小值,分别与第一个及最后一个交换后再重新输出。注意考虑从一组数中找出最大或最小数的方法(可用选择法)。

参考程序:

```
#include <stdio.h>
#define N 10
int main()
{
    int i,maxi,mini;
    double a[N+1];
    printf("请输入数据(%d个): ",N);
    for(i=1;i<=N;i++)
        scanf("%lf",&a[i]);
    printf("\n按原序输出: \n");
    for(i=1;i<=N;i++)
        printf("%8.2f",a[i]);
    //找最大数,用的是选择法
    maxi=1;
    for(i=2;i<=N;i++)
        if(a[i]>a[maxi])
            maxi=i;
    //跟第一个互换
    a[0]=a[1];
    a[1]=a[maxi];
    a[maxi]=a[0];
```

```
    //找最小数，用的是选择法
    mini=1;
    for(i=2;i<=N;i++)
        if(a[i]<a[mini])
            mini=i;
    //跟最后一个互换
    a[0]=a[N];
    a[N]=a[mini];
    a[mini]=a[0];
    printf("\n按新次序输出: \n");
    for(i=1;i<=N;i++)
        printf("%8.2f",a[i]);
    printf("\n");
    return 0;
}
```

（6）用冒泡或选择法将一组数按从大到小的顺序排序后输出。

①选择法。参考程序：

```
#include <stdio.h>
#define N 10
int main()
{
    int i,j,maxi;
    double a[N+1];
    printf("请输入数据(%d个): ",N);
    for(i=1;i<=N;i++)
        scanf("%lf",&a[i]);
    printf("\n按原序输出: \n");
    for(i=1;i<=N;i++)
        printf("%8.2f",a[i]);
    for(j=1;j<N;j++)
    {
        //找当前组中的最大数，用选择法
        maxi=j;
        for(i=j+1;i<=N;i++)
            if(a[i]>a[maxi])
                maxi=i;
        //跟当前组中的第一个互换
        a[0]=a[j];
        a[j]=a[maxi];
        a[maxi]=a[0];
    }
    printf("\n按新次序输出: \n");
    for(i=1;i<=N;i++)
        printf("%8.2f",a[i]);
    printf("\n");
    return 0;
}
```

②冒泡法。参考程序：

```
#include <stdio.h>
#define N 10
int main()
{
    int i,j;
    double a[N+1];
    printf("请输入数据（%d个）：",N);
    for(i=1;i<=N;i++)
        scanf("%lf",&a[i]);
    printf("\n按原序输出：\n");
    for(i=1;i<=N;i++)
        printf("%8.2f",a[i]);
    for(j=1;j<N;j++)        //冒泡法排序
        for(i=N;i>j;i--)
            if(a[i]>a[i-1])
            {
                a[0]=a[i];
                a[i]=a[i-1];
                a[i-1]=a[0];
            }
    printf("\n按新次序输出：\n");
    for(i=1;i<=N;i++)
        printf("%8.2f",a[i]);
    printf("\n");
    return 0;
}
```

(7) 输入某个班所有同学若干门课的成绩，计算每个人的平均成绩及每门课的平均成绩，按个人平均分降序排序，然后再输出图 1-3 所示的完整成绩表。

	语文	数学	英语	平均
	75	78	77	
	68	74	72	
	⋮	⋮	⋮	
平均				

图 1-3　成绩表

参考程序：

```
#include <stdio.h>
#include <stdlib.h>
#define N 30 //最多人数，可根据实际需要设置
int main()
{
    //假定为三门课，定义一个四列的数组，前三列存放原始数据，第四列存放平均分
    float a[N+2][4];    //0行不存放有效数据，最后一行（N+1行）存放各门课的平均分
```

```
int i,j,n;
printf("请输入班级实际人数（不超过%d）: ",N);
scanf("%d",&n);
//输入原始数据
printf("请输入%d人原始数据（语文 数学 英语）:\n",n);
for(i=1;i<=n;i++)
{
    printf("\n第%d人的成绩（语文 数学 英语）: ",i);
    scanf("%f%f%f",&a[i][0],&a[i][1],&a[i][2]);
}
//计算个人平均成绩
for(i=1;i<=n;i++)
    a[i][3]=(float)(a[i][0]+a[i][1]+a[i][2])/3;  //按比例计算个人平均分
//按平均分（第四列，即列下标为3的那一列）降序排序
for(i=1;i<n;i++)
    for(j=i+1;j<=n;j++)
        if(a[i][3]<a[j][3])
        {
            //一行有四列数据，都要进行交换
            a[0][0]=a[i][0];
            a[i][0]=a[j][0];
            a[j][0]=a[0][0];
            a[0][1]=a[i][1];
            a[i][1]=a[j][1];
            a[j][1]=a[0][1];
            a[0][2]=a[i][2];
            a[i][2]=a[j][2];
            a[j][2]=a[0][2];
            a[0][3]=a[i][3];
            a[i][3]=a[j][3];
            a[j][3]=a[0][3];
        }
//计算各课程的平均分，先计算总分，存放到0行
a[0][0]=a[0][1]=a[0][2]=0;
for(i=1;i<=n;i++)
{
    a[0][0]+=a[i][0];
    a[0][1]+=a[i][1];
    a[0][2]+=a[i][2];
}
//计算平均分，存放到N+1行
a[N+1][0]=a[0][0]/n;
a[N+1][1]=a[0][1]/n;
a[N+1][2]=a[0][2]/n;
//输出成绩表
printf("\n%15s成绩表\n","");
printf("  序号  平时  语文  数学  英语\n");
for(i=1;i<=n;i++)
   printf("%6d%6.1f%6.1f%6.1f%6.1f\n",i,a[i][0],a[i][1],a[i][2],a[i][3]);
printf("%12s%6.1f%6.1f%6.1f\n","平均: ",a[N+1][0],a[N+1][1],a[N+1][2]);
```

```
    system("pause");
    return 0;
}
```

(8) 输入一行文字(英文),统计其中的单词个数。

分析：所谓单词即若干个连续字母的组合，各单词间的分隔符则可能是空格、标点符号等。一行文字中,连续的两个字符如果出现由“非字母向字母变化”的组合,则意味着肯定有一个单词出现,因此，只要统计连续两个字符组合中出现“非字母向字母变化”的个数，即为要统计的单词的个数。

参考程序：

```
#include <stdio.h>
#include <stdlib.h>
#include <string.h>
#define N 80
int main(int n)
{
    char str[N+1];       //数组用于存放文字
    int count=0,i,yn=1;//count 存放单词个数，yn 是一个标记，1 表示不是字母，0 表示是字母
    printf("\n 请输入一行文字（英文）：\n");
    gets(str);
    for(i=0;i<strlen(str);i++)
        if((str[i]>='a' && str[i]<='z')|| (str[i]>='A' && str[i]<='Z'))
        {
            if(yn==1)
                count++;
            yn=0;
        }
        else
            yn=1;
    printf(" 共有 %d 个单词！ \n",count);
    system("pause");
    return 0;
}
```

(9) 设下面程序运行时输入的两个字符串分别如后面的注释所示，请写出每个输出函数的输出结果。

参考程序：

```
#include <stdio.h>
#include <string.h>
#define N 80
int main()
{
    char str1[N],str2[N],str3[N];
    puts(" 请输入两个字符串：");
    gets(str1);                          //I am a□
    scanf("%s",str2);                    //college student.
```

```
    puts(str1);
    puts(str2);
    printf("%4d%4d",strlen(str1),strlen(str2));
    strcpy(str3,str1);
    printf("\n%s",str3);
    strcat(str3,str2);
    puts(str3);
    printf("\n%d",strcmp(str1,str3));
    return 0;
}
```

三、实验要求

（1）总结设计一般程序时应注意的一些细节问题（如字符串的输入、输出、数组下标的超界问题等）。

（2）写出所有程序，运行调试，验证结果。

（3）掌握 C 语言的常用字符串处理函数。

实验 05 指针

一、实验目的

（1）掌握指针的概念及一般操作方法。

（2）掌握指针与字符串之间的关系。

（3）利用指针实现空间的动态分配。

二、实验内容

（1）运行下面程序，查看各条输出语句的输出结果，并分析原因。

```
#include <stdio.h>
int main()
{
    int *pi;
    char *pc;
    pi=(int *)1000;
    printf("\npi=%d",pi);
    pc=(char *)1000;
    printf("\npc=%d",pc);
    pi++;       //pi 的值将是 1004 (假设 int 型占 4B)
    printf("\npi=%d",pi);
    pi-=2;      //pi 的值将是 996
    printf("\npi=%d",pi);
    pc++;       //pc 的值将是 1001
    printf("\npc=%d",pc);
    pc-=2;      //pc 的值将是 999
```

```
    printf("\npc=%d",pc);
    return 0;
}
```

(2) 运行下面的程序，写出各输出语句的输出结果，并分析原因。

```
#include <stdio.h>
int main()
{
    char *string="I love China!";
    printf("%s\n", string);
    string+=7;
    puts(string);
    return 0;
}
```

(3) 运行下面的程序，写出各输出语句的输出结果，并分析原因。

```
#include <stdio.h>
int main()
{
    char  *string="I love China!";
    printf("%s\n", string);
    string+=7;
    while(*string)
    {
        putchar(string[0]);   //也可以写成 putchar(*string);
        string++;
    }
    return 0;
}
```

(4) 输入一组人员姓名，先按原序输出，再按姓名升序排好序后输出。

分析：此问题的实质是多个字符串的排序，算法仍沿用常规的冒泡排序法或选择排序法，而多个字符串的存放可用二维字符数组实现。这里用选择排序法。

参考程序：

```
#include <stdio.h>
#include <string.h>
#define N 10                  //总人数
int main()
{
    int i,j,maxi;
    char a[N+1][11];         //人员姓名从 1 行开始存放，每个姓名最多 10 个字符
    printf("请输入 %d 个人名: \n",N);
    for(i=1;i<=N;i++)
        gets(a[i]);
    printf("\n 按原序输出: \n");
    for(i=1;i<=N;i++)
        puts(a[i]);
```

```
    for(j=1;j<N;j++)
    {
        // 找当前组中的最小串，用的是选择法
        maxi=j;
        for(i=j+1;i<=N;i++)
            if(strcmp(a[i],a[maxi])<0) // 字符串比较用 strcmp() 函数
                maxi=i;
        // 跟当前组中的第一个互换
        strcpy(a[0],a[j]); // 字符串赋值用 strcpy() 函数
        strcpy(a[j],a[maxi]);
        strcpy(a[maxi],a[0]);
    }
    printf("\n 按新次序输出: \n");
    for(i=1;i<=N;i++)
        puts(a[i]);
    printf("\n");
    return 0;
}
```

（5）编写程序，利用 C 语言的随机函数 rand（）产生一组（最多 10 000 个）小于 1 000 的随机数，先按产生的原顺序输出，再降序排序后输出，要求在程序运行时先确定要产生的数据个数，然后按要求分配内存空间。

参考程序：

```
#include <stdio.h>
#include <stdlib.h>
#include <time.h>                           // 有关时间函数的头文件
#define N 10000                                    // 参加排序的数据最大个数
int main()
{
    int *a,i,j,n;
    do
    {
        printf(" 请输入实际数据个数 (1 - - %d): ",N);
        scanf("%d",&n);
    }while((n<1)||(n>N));
    // 分配的空间中包含 n+1 个元素，有效数据从 1 号开始存放以符合人们日常习惯
    a=(int *)malloc(sizeof(int)*(n+1));
    if(a==NULL)
        printf(" 内存分配不成功，操作无法继续！ \n");
    else
    {
        srand(time(NULL));                  // 利用秒数值初始化随机序列
        for(i=1;i<=n;i++)                   // 利用随机函数产生测试用 n 个原始数据
            a[i]=rand()%1000;               // 对 1 000 求余以保证产生的数不超过 1 000
        printf("\n 排序前: \n");             // 按原序输出
        for(i=1;i<=n;i++)
            printf("%8d",a[i]);
```

```
        for(j=1;j<=n-1;j++)           //排序
            for(i=j+1;i<=n;i++)
                if(a[j]<a[i])
                {
                    a[0]=a[j];        //利用空闲的0号元素实现交换
                    a[j]=a[i];
                    a[i]=a[0];
                }
        printf("\n排序后: \n");      //按排好序的结果输出
        for(i=1;i<=n;i++)
            printf("%8d",a[i]);
        printf("\n");
    }
    return 0;
}
```

三、实验要求

总结指针使用的一般注意事项及指针与数组之间的异同。

实验 06 函数

一、实验目的

（1）自定义函数的定义、使用。

（2）变量的作用域及生存期。

二、实验内容

本实验所涉及的算法在前面实验中都出现过，此处要求大家掌握用函数的方法解决问题，学会自定义函数的定义及使用方法。

以下两种情况通常要考虑设计自定义函数：

- 实现代码重用，提高代码的利用率，降低代码的重复率。
- 采用模块化程序设计方法来降低问题的复杂程度及方便多人分工合作。

以函数方式解决下列问题：

（1）计算如下表达式的值并输出：$m!+n!+(m-n)!+(m+n)!$。

参考程序：

```
#include <stdio.h>
//定义计算阶乘的函数
int jiecheng(int x)
{
    int ji=1,i;
    for(i=1;i<=x;i++)
        ji=ji*i;
    return ji;
```

```
}
int main()
{
    int m,n;
    printf("请输入两个不小于 0 的整数 m 和 n，要求（m>=n）：");
    scanf("%d%d",&m,&n);
    printf("结果为：%d\n",jiecheng(m)+jiecheng(n)+jiecheng(m-n)+jiecheng(m+n));
    return 0;
}
```

（2）输入一组数，先按原序输出，再将其中最大的一个换到最前面后输出，将最大数换最前面的操作由自定义函数完成。

参考程序：

```
#include <stdio.h>
#define N 10
//定义函数
void f(double arr[N+1])
{
    int maxi,i;
    //找最大数
    maxi=1;      //先假定第一个数最大，maxi 存放其下标，然后再与后面每个数逐个比较
    for(i=2;i<=N;i++)
        if(arr[i]>arr[maxi])
           maxi=i;
    //跟第一个互换
    arr[0]=arr[1];
    arr[1]=arr[maxi];
    arr[maxi]=arr[0];
}
int main()
{
    int i;
    double a[N+1];
    printf("请输入数据（%d 个）：",N);
    for(i=1;i<=N;i++)
        scanf("%lf",&a[i]);
    printf("\n 按原序输出：\n");
    for(i=1;i<=N;i++)
        printf("%8.2f",a[i]);
    f(a);
    printf("\n 按新次序输出：\n");
    for(i=1;i<=N;i++)
        printf("%8.2f",a[i]);
    printf("\n");
    return 0;
}
```

（3）输入一组数，先按原序输出，再按降序（从大到小）排序后输出，排序操作由自定义函数完成。

（4）输入两个正整数，输出其最大公约数，计算最大公约数的功能由函数实现。

（5）利用 C 语言自带的随机函数（rand()）产生一组随机数（不要超过 10 000），先将它们按原序输出，再找出最大一个数的位置（即下标）并输出，数据的产生、输出、找最大数的位置并输出这些操作分别由各函数完成。

（6）按如下公式计算表达式的值（用递归实现）：

$$f(n)=\begin{cases}1 & ,n=1\\ 2 & ,n=2\\ f(n-1)+f(n-2) & ,n>2\end{cases}$$

参考程序：

```
#include <stdio.h>
int f(int n)
{
    if(n==1)
       return 1;
    else
        if(n==2)
           return 2;
        else
            return f(n-1)+f(n-2);
}
int main()
{
    int n;
    printf("请输入要计算的项数（不小于 1）：");
    scanf("%d",&n);
    if(n<1)
       printf("输入的项数有错误！ \n");
    else
        printf("第 %d 项的值为：%d\n",n,f(n));
    return 0;
}
```

（7）写出如下程序中每一条输出语句的输出结果并分析原因。

```
#include <stdio.h>
void swap(int a,int b)
{
    int temp;
    printf("\n 子函数交换前：");
    printf("a=%d,b=%d\n",a,b);
    temp=a;
    a=b;
    b=temp;
    printf("\n 子函数交换后：");
    printf("a=%d,b=%d\n",a,b);
```

```
}
int main()
{
    int x=7,y=11;
    printf("\n 主函数交换前: ");
    printf("x=%d,y=%d\n",x,y);
    swap(x,y);
    printf("\n 主函数交换后: ");
    printf("x=%d,y=%d\n",x,y);
    return 0;
}
```

（8）写出如下程序中每一条输出语句的输出结果并分析原因。

```
#include <stdio.h>
void swap(int *a,int *b)
{
    int temp;
    printf("\n 子函数交换前: ");
    printf("a=%d,b=%d\n",*a,*b);
    temp=*a;
    *a=*b;
    *b=temp;
    printf("\n 子函数交换后: ");
    printf("a=%d,b=%d\n",*a,*b);
}
int main()
{
    int x=7,y=11;
    printf("\n 主函数交换前: ");
    printf("x=%d,y=%d\n",x,y);
    swap(&x,&y);
    printf("\n 主函数交换后: ");
    printf("x=%d,y=%d\n",x,y);
    return 0;
}
```

三、实验要求

（1）写出所有的程序，运行调试，验证结果。

（2）总结设计使用函数时的注意事项。

实验 07 结构体、文件

一、实验目的

（1）熟练掌握结构体的定义方法及使用方法。

（2）掌握文件的基本操作。

二、实验内容

（1）下面程序用于输入某个人的姓名、性别、年龄、平时、笔试、操作这几项信息，再输出完整的上述信息。运行该程序，观察并分析结构体操作的一般注意事项。

```
#include <stdio.h>
int main()
{
    struct  student_info
    {
        char        name[8];                    //姓名
        char        sex[3];                     //性别
        unsigned    int  age;                   //年龄
        int         pingshi;                    //平时
        int         bishi;                      //笔试
        int         caozuo;                     //操作
    };
    struct student_info stu,*pstu;
    pstu=&stu;
    printf("\n请输入姓名、性别、年龄、平时、笔试、机试这几项的内容: \n");
    scanf("%s%s%d%d%d%d",stu.name,stu.sex,&stu.age,&stu.pingshi,&stu.bishi,&stu.
caozuo);
    printf("%10s%4s%4d%4d%4d%4d\n",stu.name,stu.sex,stu.age,stu.pingshi,stu.bishi,stu.
caozuo);
    printf("%10s%4s%4d%4d%4d%4d\n",pstu->name,pstu->sex,pstu->age,pstu->pingshi,pstu-
>bishi,pstu->caozuo);
    return 0;
}
```

（2）编一程序，从键盘输入若干个数，降序排序后存入文件 jieguo.txt 中，同时将结果在屏幕上显示出来。

分析：此题算法上没有什么难的地方，主要涉及文件的基本操作。

参考程序：

```
#include <stdio.h>
#include <stdlib.h>
#define N 10
int main()
{
    int a[N+1],i,j;
    FILE *fp;//定义文件类型指针变量
    printf("\n请输入%d个待排序的数(整数): ",N);
    for(i=1;i<=N;i++)                          //输入原始数据
        scanf("%d",&a[i]);
    for(i=1;i<N;i++)                           //用冒泡法排序
        for(j=N;j>=i+1;j--)
            if(a[j]>a[j-1])
            {
```

```
                a[0]=a[j];
                a[j]=a[j-1];
                a[j-1]=a[0];
            }
    printf("\n 排序如果如下: \n");
    for(i=1;i<=N;i++)                          // 向屏幕输出排序结果
        printf("%6d",a[i]);
    fp=fopen("jieguo.txt","w");                // 以写方式打开文件
    if(fp==NULL)                               // 打开文件不成功，提示用户失败信息
        printf("\n 文件建立失败，数据保存不成功！ \n");
    else                                       // 打开文件成功
    {
        for(i=1;i<=N;i++)
            fprintf(fp,"%6d",a[i]);            // 向文件输出排序结果
        fclose(fp);                            // 文件使用完毕，关闭文件
        printf("\n 数据已成功保存到了文件 jieguo.txt！ \n"); // 提示用户成功信息
    }
    system("pause");
    return 0;
}
```

（3）编一程序，从文件 jieguo.txt 中读入所有数据，然后将其中的偶数全部挑出来并存入文件 oushuji.txt 中。

参考程序：

```
#include <stdio.h>
#include <stdlib.h>
#define N 10

int main()
{
    int a,count=0;
    FILE *fp1,*fp2;     // 定义两个文件类型指针变量以便后面对文件进行操作
    fp1=fopen("jieguo.txt","r");               // 以读方式打开原始数据文件
    if(fp1==NULL)                              // 打开文件不成功，提示用户失败信息
       printf("\n 文件无法打开，操作不能继续进行！ \n");
    else                                       // 打开原始数据文件成功
    {
        fp2=fopen("oushuji.txt","w");          // 以写方式打开目标数据存放文件
        if(fp2==NULL)
           printf("\n 文件无法建立，数据不能保存！ \n");
        else
        {
            while(!feof(fp1))                  // 未到文件尾时反复读取数据
            {
                fscanf(fp1,"%d",&a);
                printf("%8d",a);
```

```
                if(a%2==0)                              //若为偶数则写入目标文件
                    fprintf(fp2,"%6d",a);
            }
            fclose(fp1);                                //文件使用完毕，关闭文件
            fclose(fp2);                                //文件使用完毕，关闭文件
            printf("\n数据已成功保存到了文件oushuji.txt!\n"); //提示用户成功信息
        }
    }
    system("pause");
    return 0;
}
```

(4) 表 1-3 所示为某个班若干个人的成绩表，编一程序，输入该班每个人的姓名、性别、年龄、平时、笔试、操作这几项信息，计算每个人的总分，再按总分降序排序，将结果存入某文件。

表 1-3 成绩表

姓　名	性　别	年　龄	平　时	笔　试	操　作	总　分
John	Male	18	80	70	75	
Alice	Female	19	90	80	85	
Tom	Male	18	75	90	88	
Bush	Male	17	68	90	89	
Ben	Female	20	89	80	98	
Bob	Male	19	88	70	88	

三、实验要求

(1) 写出所有程序，运行调试，验证结果。

(2) 总结结构体使用的一般注意事项。

(3) 总结文件操作的一般方法，掌握文件操作相关函数的使用注意事项。

实验 08 C 程序调试技术

一、实验目的

掌握各类常见 C 语言程序的调试技术。

二、实验内容

大体来讲，程序中的错误可分为两类：语法错误和逻辑错误。

语法错误是指程序代码不符合 C 语言语法规范、单词拼写错误、函数调用参数使用不当等，这类错误会导致编译产生错误，通过编译和检查程序可以改正。

逻辑错误指程序编译、连接都没问题（意味着没有语法错误），但运行结果与预期结果不同，说明算法本身的设计有问题、有漏洞，此类错误编译程序是无法发现的，只能由程序设计人员自己想办法去发现，此时需要用调试程序来找到程序中错误的地方，并排除所有的错误。通常有以下方法：

1. 程序插桩

程序插桩是指向被测程序中插入辅助操作，来实现测试目的的方法，即向源程序中添加某些语句，实现对程序语句的执行、变量的变化等情况的检查。

设计插桩程序时需要考虑的问题如下：

（1）探测哪些信息？

（2）在程序的什么部位设置探测点？

（3）需要设置多少个探测点？

（4）如何在程序的特定位置插入某些用以判断变量特性的语句？

例如，计算斐波那契数列第 48 项的值。

参考程序：

```
#include<stdio.h>
#define N 48
int main()
{
    int a[N+1]={0,1,1},i;
    for(i=3;i<=N;i++)
    {
        a[i]=a[i-1]+a[i-2];
    }
    printf("第 %d 项的值为: %d\n",N,a[N]);
    return 0;
}
```

程序运行结果如图 1-4 所示 。

图 1-4　程序运行结果（一）

不知道此程序结果正确与否，此时，可以在循环中增加如下输出语句：

```
#include<stdio.h>
#define N 48
int main()
{
    int a[N+1]={0,1,1},i;
    for(i=3;i<=N;i++)
    {
        a[i]=a[i-1]+a[i-2];
        printf("第 %d 项的值为: %d\n",i,a[i]);        //新增语句
    }
    printf("第 %d 项的值为: %d\n",N,a[N]);
```

```
    return 0;
}
```

程序运行结果如图 1-5 所示。

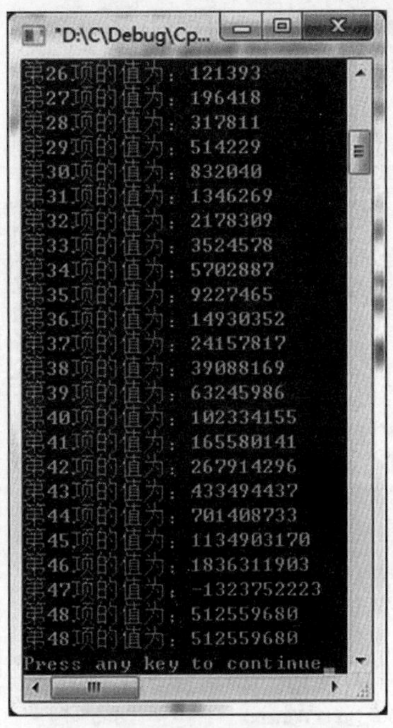

图 1-5　程序运行结果（二）

通过新增的输出语句(本来不需要)输出了中间数据,通过中间数据即可判断最终结果是错误的。

2. 调试

程序正常情况下都是连续运行的，速度非常快，中间变化过程看不到，这也给错误的定位带来了不便。此时，可通过开发系统提供的调试技术来确定错误。

选择菜单栏中的 Build → Start Debug 命令，启动调试器，如图 1-6 所示。

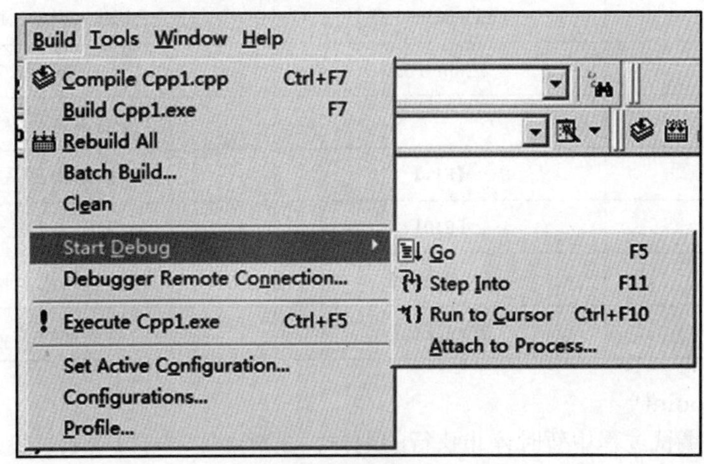

图 1-6　启动调试器

调试器有 4 个菜单选项：

（1）Go：运行程序至断点，或程序结束。

（2）Step Into：单步执行，进入调用函数。

（3）Run to Cursor：运行至光标处。

（4）Attach to Process：用于和进程绑定，方便调试。

进入调试模式后的菜单如图 1-7 所示。

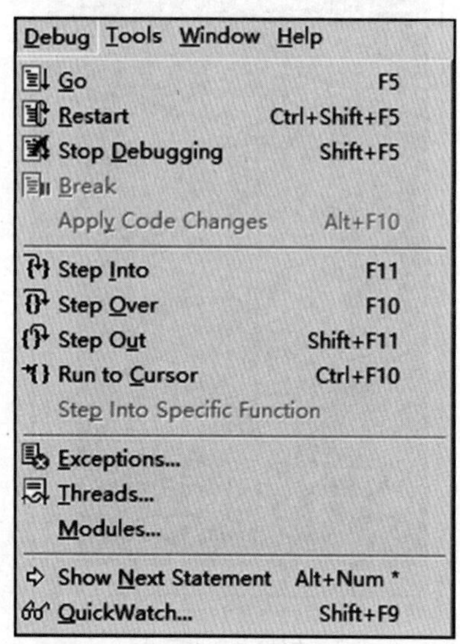

图 1-7 进入调试模式后的菜单

基本调试命令如表 1-4 所示。

表 1-4　基本调试命令

调 试 命 令	快 捷 键	说　明
Go	【F5】	运行程序至断点，或程序结束
Restart	【Ctrl+Shift+F5】	重新载入程序，并启动执行
Stop Debugging	【Shift+F5】	关闭调试会话
Break		从当前位置退出，终止程序执行
Step Into	【F11】	单步执行，进入调用函数
Step Over	【F10】	单步执行，不进入调用函数
Step Out	【Shift+F11】	跳出当前函数，回到调用处
Run to Cursor	【Ctrl+F10】	运行至光标处

3. 断点（Breakpoint）

（1）断点：程序调试过程中暂时停止执行的地方，在断点处，可以观察、设置变量的值，检查程序的执行情况。

（2）插入断点：在欲插入断点处右击，选择 Insert/Remove Breakpoint 命令，可以插入一个断点，快捷键为【F9】。

(3) 删除断点:在断点处右击,选择 Remove Breakpoint 命令,可以删除该断点,快捷键为【F9】。

（4）禁止断点：在断点处右击，选择 Disable Breakpoint 命令，可以暂时禁止该断点。

（5）恢复断点：在断点处右击，选择 Enable Breakpoint 命令，可以恢复该断点。

4. 观察（Watch）

可以自行添加要观察的变量及表达式，通过查看程序运行过程中变量及表达式的值的变化情况，分析程序错误，如图 1-8 所示。

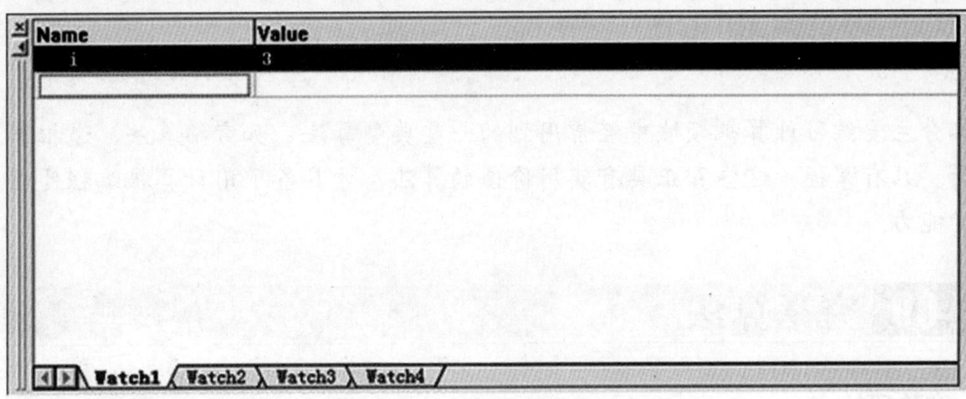

图 1-8　观察窗口

5. 基本调试步骤

（1）在所选程序行上右击，选择 Insert Breakpoint 命令插入一个断点。

（2）按【F5】键程序运行至断点。

（3）按【F10】键单步执行，不进入调用函数，或按【F11】键单步执行，进入调用函数。

（4）按【Shift+F11】组合键跳出当前函数，回到调用处）。

（5）按【Shift+F5】组合键关闭调试会话，从当前位置退出。

（6）在断点处右击，选择 Remove Breakpoint 命令，可以删除该断点。

三、实验要求

（1）掌握常见的几种程序调试方法。

（2）针对一个具体的程序，运用以上调试技术进行调试。

第二部分 常见算法

此部分主要练习计算机领域中经常用到的一些典型算法，如穷举算法、递推算法、递归算法等。只有掌握了这些真正具有实用价值的算法，才具备了用计算机编程处理复杂现实问题的能力。

实验 09 穷举算法

一、实验目的

（1）掌握穷举算法的概念及适用范围。

（2）熟悉穷举算法的设计原理。

二、实验内容

穷举算法：对多种可能情形一一列举，从多种可能性中找出符合条件的一个或一组解。当然，也有可能得出无解的结论。

其关键有三点：

• 要列出所有可能性，不能把包含可能解的情况漏掉。

• 条件的设置要合理，有些条件是明显的，有些条件是隐含的。

• 在保证不遗漏可能情况的前提条件下，尽可能缩小范围，以减少运算次数，提高运算速度。

（1）买鸡问题：用 5 000 元买 5 000 只鸡，大公鸡 5 元 1 只，母鸡 3 元 1 只，小鸡 1 元 3 只，问各能买多少只鸡？列出所有可行的买鸡方案。

分析：把公鸡、母鸡、小鸡只数分别设为未知数 cock、hen、chick，则有

cock：1 ~ 1 000

hen：1 ~ 5 000/3

chick：1 ~ 5 000

并且它们须符合以下条件：cock+hen+chick=5 000 及 5cock+3hen+chick/3=5 000。

据此，可设计一算法，让 cock、hen、chick 在相应范围内取值，然后将符合条件的取值组合记录下来即可。

参考程序：

```
#include <stdio.h>
#include <stdlib.h>

int main()
{
    int cock,hen,chick,count=0;
    for(cock=1;cock<=1000;cock++)
        for(hen=1;hen<=5000/3;hen++)
            for(chick=1;chick<=5000;chick++)
                if((cock+hen+chick==5000)&&(15*cock+9*hen+chick==15000))
                {
                    count++;
                    printf("No.%4d 公鸡: %4d 母鸡: %4d 小鸡: %4d\n",count,cock,hen,chick);
                }
    printf("\n 共计有 %d 种买法! \n",count);
    system("pause");
    return 0;
}
```

上述算法是三重循环，循环次数比较多。实际上，可改进此算法，其中取值范围可按如下方式设置：

cock：1 ~ 1 000

hen：1 ~ (5 000-5cock)/3

chick：5 000-cock-hen

此时，条件就只剩下一个：5cock+3hen+chick/3=5 000。

参考程序：

```
#include <stdio.h>
#include <stdlib.h>

int main()
{
    int cock,hen,chick,count=0;
    for(cock=1;cock<=1000;cock++)
        for(hen=1;hen<=(5000-5*cock)/3;hen++)
        {
            chick=5000-hen-cock;
            if(15*cock+9*hen+chick==15000)
                {
                    count++;
                    printf("No.%4d 公鸡: %4d 母鸡: %4d 小鸡: %4d\n",count,cock,hen,chick);
                }
        }
    printf("\n 共计有 %d 种买法! \n",count);
    system("pause");
    return 0;
}
```

此种算法的效率要比前面的高很多，速度更快。

（2）今年父亲 30 岁，儿子 6 岁，问多少年后父亲的年龄是儿子年龄的 2 倍？

分析：假定需经过 year 年，根据常识，其取值大体在 0 ～ 100 间。

参考程序：

```
#include <stdio.h>
#include <stdlib.h>
int main()
{
    int father=30,son=6,year;
    for(year=0;year<=100;year++)
        if(2*(son+year)==father+year)
            printf("\n 父亲: %d 儿子: %d 经过时间: %d（年）! \n",father+year,son+
year,year);
    system("pause");
    return 0;
}
```

（3）有 8 张卡片，如图 2-1 所示，上面分别写着自然数 1~8。从中取出 3 张，要使这 3 张卡片上的数字之和为 9，有多少种不同的取法？

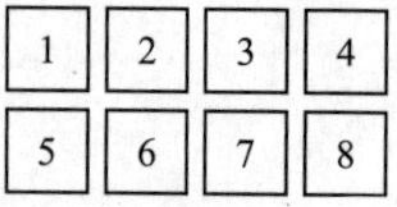

图 2-1　第（3）题图示

分析：可用 3 个变量 i、j、k 分别表示 3 次所取的卡片。

① i、j、k 取值范围：1 ～ 8。

② i、j、k 互不相等。

③ i+j+k=9。

参考程序：

```
#include <stdio.h>
#include <stdlib.h>
int main()
{
    int i,j,k;
    for(i=1;i<=8;i++)
        for(j=1;j<=8;j++)
            for(k=1;k<=8;k++)
                if((i+j+k==9)&&(i!=j)&&(i!=k)&&(j!=k))
                    printf("%4d%4d%4d\n",i,j,k);
    system("pause");
    return 0;
}
```

程序运行结果如图 2-2 所示。

```
  1   2   6
  1   3   5
  1   5   3
  1   6   2
  2   1   6
  2   3   4
  2   4   3
  2   6   1
  3   1   5
  3   2   4
  3   4   2
  3   5   1
  4   2   3
  4   3   2
  5   1   3
  5   3   1
  6   1   2
  6   2   1
请按任意键继续. . .
```

图 2-2　程序运行结果（一）

可见，这种方法相当于考虑了取的顺序，即取的卡片一样，但取的顺序不一样，就算是一种不同的取法。如果不考虑取的顺序，因为 3 张所取的卡片肯定不一样，即 3 个变量的值肯定不相等，因此它们之间一定有一个大小顺序关系，在此只按第一个 < 第二个 < 第三个这一种情况考虑，则可以做如下改进：

i：1 ～ 8

j：i+1 ～ 8

k：j+1 ～ 8

```
#include <stdio.h>
#include <stdlib.h>
int main()
{
    int i,j,k;
    for(i=1;i<=8;i++)
        for(j=i+1;j<=8;j++)
            for(k=j+1;k<=8;k++)
                if((i+j+k==9))
                    printf("%4d%4d%4d\n",i,j,k);
    system("pause");
    return 0;
}
```

程序运行结果如图 2-3 所示。

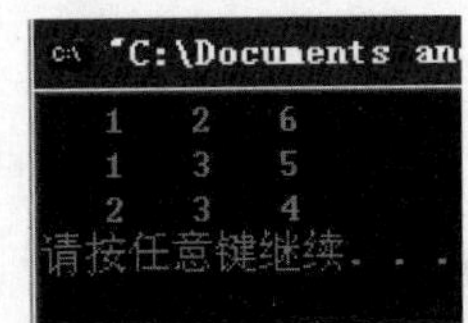

图 2-3　程序运行结果（二）

（4）一个 4 位数，当它逆向排列时得到的 4 位数是它自身的整数倍，请找出所有符合这一条件的 4 位数。

（5）找出所有符合下列条件的 4 位正整数：这个数顺序跟逆序的值相同。

（6）找出 1 ~ 10 000 中符合下列条件的 4 位正整数：这个数顺序跟逆序的值相同。

（7）某人年龄的 3 次方是 4 位数，4 次方是 6 位数，请找出所有符合条件的年龄。

参考程序：

```
#include <stdio.h>
#include <stdlib.h>
#include <math.h>
int main()
{
    int i;
    for(i=10;i<=100;i++)
        if((pow(i,3)>=1000)&&(pow(i,3)<=9999)&&(pow(i,4)>=100000)&&(pow
(i,4)<=999999))
        printf("%4d\n",i);
    system("pause");
    return 0;
}
```

（8）有 25 本书，分成 6 份，如果每份至少一本，且每份的本数都不相同，有多少种分法？

参考程序：

```
#include <stdio.h>
#include <stdlib.h>
#include <math.h>
int main()
{
    int n1,n2,n3,n4,n5,n6;
    for(n1=1;n1<=25;n1++)
        for(n2=n1+1;n2<=25-n1;n2++)
            for(n3=n2+1;n3<=25-n1-n2;n3++)
                for(n4=n3+1;n4<=25-n1-n2-n3;n4++)
                    for(n5=n4+1;n5<=25-n1-n2-n3-n4;n5++)
                    {
                        n6=25-n1-n2-n3-n4-n5;
                        if(n6>n5)
                            printf("%6d%6d%6d%6d%6d%6d\n",n3,n4,n5,n6);
                    }
    system("pause");
    return 0;
}
```

（9）有 7 个鸡蛋，要求 3 天吃完，有多少种吃法？

参考程序：

```
#include <stdio.h>
#include <stdlib.h>
#include <math.h>
int main()
{
    int s[4];
    for(s[1]=0;s[1]<=7;s[1]++)
        for(s[2]=0;s[2]<=7-s[1];s[2]++)
            for(s[3]=0;s[3]<=7-s[1]-s[2];s[3]++)
            {
                if(s[1]+s[2]+s[3]==7)//判断是否为7个
                    printf("\n%4d%4d%4d",s[1],s[2],s[3]);
            }
    printf("\n\n");
    system("pause");
    return 0;
}
```

(10) 有7个鸡蛋，要求3天吃完，每天至少吃两个，有多少种吃法？

分析可知，最多3天就吃完了，少的话一天吃完，设 s_1、s_2、s_3 表示这3天每天吃的个数，则有：

s_1：2 ~ 7

s_2：0 ~ 7-s_1

s_3：0 ~ 7-s_1-s_2

同时要求它们的取值满足如下条件：

① $s_1+s_2+s_3=7$。

②而 s_i 要么大于等于2，要么等于0。

③只要后面某天吃的个数不为0，则前面的肯定不为0，即若 $s_i>0$，则 s_i-1 肯定不为0。

参考程序：

```
#include <stdio.h>
#include <stdlib.h>
#include <math.h>
int main()
{
    int s[4],i,signal1,signal2,signal3;
    for(s[1]=2;s[1]<=7;s[1]++)
        for(s[2]=0;s[2]<=7-s[1];s[2]++)
            for(s[3]=0;s[3]<=7-s[1]-s[2];s[3]++)
            {
                signal1=0;
                if(s[1]+s[2]+s[3]==7)   //判断是否为7个
                   signal1=1;
                signal2=1;
                for(i=1;i<=3;i++)        //判断是否为0或大于等于2
                    if(s[i]==1)
```

```
                        signal2=0;
                    signal3=1;
                    for(i=3;(i>=2)&&(signal3==1);i--)//判断若后边吃的不为0，前边是否出现了0
                        if((s[i]>0)&&(s[i-1]==0))
                            signal3=0;
                    if((signal1==1)&&(signal3==1)&&(signal2==1))
                        printf("\n%4d%4d%4d",s[1],s[2],s[3]);
                }
    printf("\n\n");
    system("pause");
    return 0;
}
```

（11）某处发生一起案件，侦察得知如下可靠线索：

① A、B、C、D 四人都有作案可能。

② A、B 中至少一人参与作案。

③ B、C 中至少一人参与作案。

④ C、D 中至少一人参与作案。

⑤ A、C 中至少一人未参与作案。

请分析谁最有可能是案犯。

分析：每人要么作案，要么不作案，只有两种情况，设 4 个变量 a、b、c、d 分别表示 4 个人的情况，0 表示未作案，1 表示作案。

参考程序：

```
#include <stdio.h>
#include <stdlib.h>
#include <math.h>
int main()
{
    char a,b,c,d;
    printf("A B C D\n");
    //用四重循环列出所有可能情况
    for(a=0;a<=1;a++)
        for(b=0;b<=1;b++)
            for(c=0;c<=1;c++)
                for(d=0;d<=1;d++)
                    //输出符合条件的情况
                    if((a+b>=1)&&(b+c>=1)&&(c+d>=1)&&(a*c==0))
                        printf("%d %d %d %d\n",a,b,c,d);
    system("pause");
    return 0;
}
```

程序运行结果如图 2-4 所示。

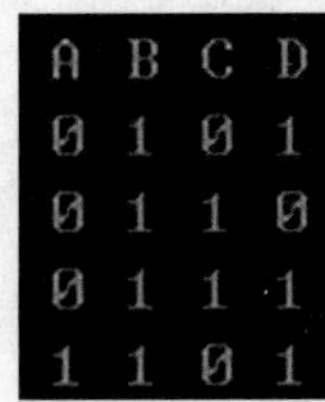

图 2-4 第（11）题程序运行结果

可见，B 作案的可能性最大。

(12) 找赛手：2 个羽毛球队比赛，各出 3 人，每个人只比一次，甲队为 A、B、C 三人，乙队为 X、Y、Z 三人，有人打听比赛名单，A 说他不和 X 比，C 说他不和 X、Z 比。请编程找出三队赛手的名单。

参考程序：

```
#include <stdio.h>
#include <stdlib.h>
#include <math.h>
int main()
{
    char a,b,c;
    for(a='X';a<='Z';a++)
        for(b='X';b<='Z';b++)
            if(a!=b)
                for(c='X';c<='Z';c++)
                    if((a!='X')&&(c!='X')&&(c!='Z')&&(a!=c)&&(b!=c))
                        printf("A:%c  B:%c  C:%c\n",a,b,c);
    system("pause");
    return 0;
}
```

(13) 有五项设计任务可供选择，各项设计任务的预期完成时间分别为 3、8、5、4、10 周，设计报酬分别为 7、17、11、9、21 万元。设计任务只能一项一项地进行，总的期限是 30 周，选择任务时必须满足下面要求：

①至少完成三项设计任务。

②若选择任务 1，必须同时选择任务 2。

③任务 3 和任务 4 不能同时选择。

应当选择哪些设计任务，才能使总的设计报酬最大？

参考程序：

```
#include <stdio.h>
int main()
{
    int time[]={3,8,5,4,10};                    //各自的完成时间
    int cost[]={7,17,11,9,21};                  //设计报酬
    int maxtime=30;                             //时限
    int a[5];//定义 5 个数组元素，用于表明各任务是否被选中：0 -未选中，1 -选中
    int b[5];                                   //记录最优方案
```

```
    int max=0,mytime,mycost;
    int n=5;                                        //任务总数
    int count,temp;
    //穷举出所有可能选择方案
    for(a[0]=0;a[0]<=1;a[0]++)
        for(a[1]=0;a[1]<=1;a[1]++)
            for(a[2]=0;a[2]<=1;a[2]++)
                for(a[3]=0;a[3]<=1;a[3]++)
                    for(a[4]=0;a[4]<=1;a[4]++)
                    {
                        //统计选中任务数
                        count=0;
                        for(int t=0;t<n;t++)
                            if(a[t]==1)
                                count++;
                        if(count>=3)                //选中的不少于 3 项
                            if(a[2]+a[3]<=1)        //3、4 没有同时选中
                                if(a[0]==1)         //如果选中了 1 号任务
                                {
                                    if(a[1]==1)   //如果选中了 2 号任务
                                    {
                                       //以下代码计算选中任务的报酬及所用时间
                                       mytime=0;
                                       mycost=0;
                                       for(temp=0;temp<n;temp++)
                                           if(a[temp]==1)
                                           {
                                              mytime+=time[temp];
                                              mycost+=cost[temp];
                                           }
                                        //选中任务时间没超过 30 周且报酬高，记录下来
                                        if((mytime<=maxtime)&&(mycost>=max))
                                        {
                                            max=mycost;
                                            for(temp=0;temp<n;temp++)
                                                b[temp]=a[temp];
                                        }
                                    }
                                }
                                else//如果没选中 1 号任务
                                {
                                    //以下代码计算选中任务的报酬及所用时间
                                    mytime=0;
                                    mycost=0;
                                    for(temp=0;temp<n;temp++)
                                        if(a[temp]==1)
                                        {
                                           mytime+=time[temp];
                                           mycost+=cost[temp];
                                        }
```

```
                                    //选中任务时间没超过30周且报酬高，记录下来
                                    if((mytime<=maxtime)&&(mycost>=max))
                                    {
                                        max=mycost;
                                        for(int temp=0;temp<n;temp++)
                                            b[temp]=a[temp];
                                    }
                                }
                        }
        printf("选中的任务如下（编号）：");
        for(temp=0;temp<n;temp++)
            if(b[temp]==1)
                printf("%4d",temp+1);
        printf("\n最大报酬为：%d\n",max);
        return 0;
}
```

(14) 公司选址问题：洮珠畜产品公司计划在市东、西、南、北四区建立销售门市部，10 个位置 A1，A2，…，A10 可供选择，考虑到各地区居民的消费水平及居民居住密集度，规定：在东区从 A1、A2、A3 三个点中至多选择两个；在西区从 A4、A5 两个点中至少选择一个；在南区从 A6、A7 两个点中至少选择一个；在北区从 A8、A9、A10 三个点中至少选择两个，各点的投资及每年可获利润如表 2-1 所示。

表 2-1　各点的投资及每年可获利润

拟议位置	A1	A2	A3	A4	A5	A6	A7	A8	A9	A10
投资额 / 万元	100	120	150	80	70	90	80	140	160	180
年利润 / 万元	36	40	50	22	20	30	25	48	58	61

总投资额不能超过 720 万元，应选择哪几个销售点可使年利润最大？

(15) 求数字的乘积根。

定义：正整数中非 0 数字的乘积称为该数的数字乘积。例如，1620 的数字乘积为 1×6×2=12，12 的数字乘积为 1×2=2。

定义：正整数的数字乘积根为反复取该整数的数字乘积，直到最后的数字乘积为一个一位数，这个一位数字就称为该正整数的数字乘积根。

编程要求：统计 10 000 以内，其数字乘积根分别为 1～9 的正整数个数。

参考程序：

```
#include <stdio.h>
//求某数n的数字乘积
int chengji(int n)
{
    int ji=1,r;
    do
    {
```

```
        r=n%10;             //从中取一位数
        if(r!=0)            //非 0 则求乘积
            ji*=r;
        n=n/10;
    }while(n!=0);
    return ji;
}
int main()
{
    int geshu[10]={0};  //此数组用于存放数字乘积根分别为 1~9 的正整数个数，0 号元素不用
    int i,ji;
    for(i=1;i<=10000;i++)
    {
        ji=i;
        do
        {
            ji=chengji(ji);
        }while(ji>=10);  //求数字乘积根
        geshu[ji]++;       //相应元素个数增 1
    }
    for(i=1;i<=9;i++)
        printf("%10d",geshu[i]);
    printf("\n");
    return 0;
}
```

三、实验要求

（1）写出所有的程序，运行调试，验证结果。

（2）总结穷举算法程序设计时的注意事项。

实验 10 迭代与递推算法

一、实验目的

（1）掌握迭代与递推算法的概念及适用范围。

（2）熟悉迭代与递推算法的设计原理。

二、实验内容

迭代与递推算法：基本思路实质是相同的，即不断利用已知的数据推出未知的数据，再利用推出的数据及以前的数据继续推导，直到推出所要的结果为止。

这种算法的关键点如下：

• 确定迭代变量：在可以用迭代算法解决的问题中，至少存在一个直接或间接地不断由旧值递推出新值的变量，这个变量就是迭代变量。

• 建立迭代关系式：所谓迭代关系式，指如何从变量的前一个（或一组）值推出其下一个（或一组）值的公式（或关系）。迭代关系式的建立是解决迭代问题的关键，通常可以使用递推或倒推的方法来完成。

• 对迭代过程进行控制：在什么时候结束迭代过程？这是编写迭代程序必须考虑的问题，不能让迭代过程无休止地重复执行下去。迭代过程的控制通常可分为两种情况：一种是所需的迭代次数是个确定的值，可以计算出来；另一种是所需的迭代次数无法确定。对于前一种情况，可以构建一个固定次数的循环来实现对迭代过程的控制；对于后一种情况，需要进一步分析出用来结束迭代过程的条件。

（1）猴子吃桃问题：猴子第一天摘下若干个桃子，当即吃了一半，还不过瘾，又多吃了一个。第二天早上又将剩下的桃子吃掉一半，又多吃了一个。以后每天早上都吃了前一天剩下的一半多一个，到第 30 天早上想再吃时，见只剩下一个桃子，求第一天共摘了多少个桃子。

根据题意，设 S_i 为第 i 天所拥有的桃子数，则前后相邻两天的桃子数有如下关系：

$S_{i+1}=S_i-(\frac{S_i}{2}+1)$，将此式转换得 $S_i=2S_{i+1}+2$，据此可得出如下公式组：

$$\begin{cases} S_i=2S_{i+1}+2 & ,i\geqslant 1 \\ S_i=1 & ,i=30 \end{cases}$$

此时由于最后一天（第 30 天的）是已知的，根据上述公式可推出第 29 天的；而根据第 29 天的又可以推出第 28 天的……重复上述工作，就可以推出第一天的个数。推导过程如图 2-5 所示。

天数 i	桃子个数 S_i
30	$S_{30}=1$
29	$S_{29}=2\times(S_{30})+2=4$
28	$S_{28}=2\times(S_{29})+2=10$
…	…
1	?

图 2-5　推导过程

相应算法流程如下：

① $S_{30}=1$，即最初的 S_{i+1} 为 1。

② i 从 29 循环到 1，反复执行如下操作：

$S_i=2S_{i+1}+2$

$S_{i+1}=S_i$

③ 输出 S_1 的值，即为所求结果。

参考程序：

```
#include <stdio.h>
#include <stdlib.h>
#define N 30
int main()
{
    int i,si,si1;
    si1=1;
    for(i=N-1;i>=1;i--)
    {
        si=2*si1+2;
        si1=si;
    }
    printf("\n 共 %d 天，则第一天的桃子数为 %d\n",N,si);
    system("pause");
    return 0;
}
```

（2）兔子问题：13 世纪意大利数学家斐波那契在他的《算盘书》中提出这样一个问题：有人想知道一年内一对兔子可繁殖成多少对，于是筑了一道围墙把一对兔子关在里面，已知一对兔子每一个月可以生一对小兔子，而一对兔子出生后第二个月就开始生小兔子，则一对兔子一年内能繁殖成多少对?

说明：假设兔子不死，每生一次刚好就是一雌一雄。

分析：寻求兔子繁殖的规律。成熟的一对兔子用●表示，未成熟的用○表示，每一对成熟的兔子经过一个月变成本身的●及新生的未成熟○，未成熟的一对○经过一个月变成成熟的●，不过没有出生新兔，用此标记可画出图 2-6。

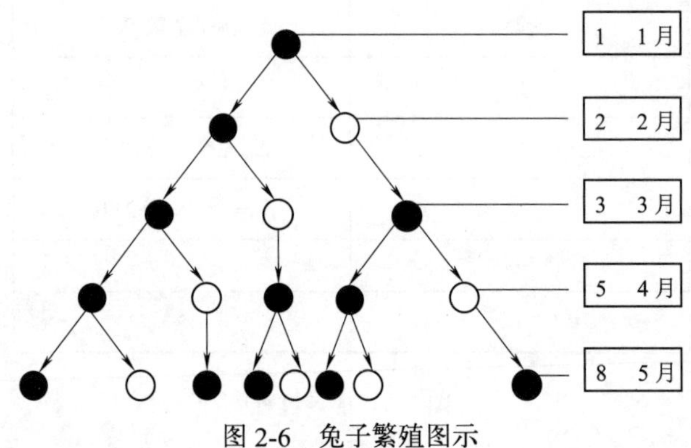

图 2-6 兔子繁殖图示

可以看出前 5 个月兔子的对数是 1、2、3、5、8。

很容易发现这个数列的特点：从第三项起，每一项都等于前相邻两项之和，即

$$\begin{cases} a_1 = 1 \\ a_2 = 2 \\ a_i = a_{i-1} + a_{i-2}, \quad i \geqslant 3 \end{cases}$$

人们为了纪念斐波那契，就以他的名字命名了这个数列，该数列的每一项称为斐波那契数。

斐波那契数列有许多有趣的性质，除了 $a_i=a_{i-1}+a_{i-2}$ 外，还可以证明它的通项公式如下：

$$a_n=(((1+5^{\wedge}(1/2))/2)^{\wedge}n-((1-5^{\wedge}(1/2))/2)^{\wedge}n)/5^{\wedge}(1/2)$$

它的每一项都是整数，而且这个数列中相邻两项的比值，越靠后其值越接近 0.618（黄金分割比值）。这个数列有广泛的应用，如树的年分支数目就遵循斐波那契数列的规律，而且计算机科学的发展，为斐波那契数列提供了新的应用场所。

参考程序：

```
#include <stdio.h>
#include <stdlib.h>
#define N 12

int main()
{
    int a[N+1],i;
    a[1]=1;
    a[2]=2;
    for(i=3;i<=N;i++)
        a[i]=a[i-1]+a[i-2];
    printf("一年内繁殖 %4d 对! \n",a[N]);
    system("pause");
    return 0;
}
```

（3）验证谷角猜想。日本数学家谷角静夫在研究自然数时发现了一个奇怪现象：对于任意一个自然数 n，若 n 为偶数，则将其除以 2，若 n 为奇数，则将其乘以 3，然后再加 1，如此经过有限次运算后，总可以得到自然数 1。人们把谷角静夫的这一发现称为“谷角猜想”。

要求：编写一个程序，由键盘输入一个自然数 n，把 n 经过有限次运算后，最终变成自然数 1 的全过程打印出来。

参考程序：

```
#include <stdio.h>
#include <stdlib.h>

int main()
{
    int n;
    do
    {
        printf("请输入一自然数: ");
        scanf("%d",&n);
    }while(n<=0);
    printf("以下为变化过程: \n");
    printf("%8d",n);
    do
    {
        if(n%2==0)
           n=n/2;
```

```
        else
            n=n*3+1;
        printf("%8d",n);
    }while(n!=1);
    printf("\n");
    system("pause");
    return 0;
}
```

（4）阿米巴用简单分裂的方式繁殖，它每分裂一次要用 3 分钟，将若干个阿米巴放在一个盛满营养液的容器内，45 分钟后容器内充满了阿米巴。已知容器最多可以装 2^{20} 个阿米巴，试问，开始的时候往容器内放了多少个阿米巴？请编程序计算。

参考程序：

```
#include <stdio.h>
#include <stdlib.h>
#include <math.h>

int main()
{
    int n=2;          // 从 2 个的情况开始试探
    int sfjx=1;       // 是否继续，0：停止，其他：继续
    while(sfjx!=0)
    {
        //45 分钟共分裂 15 次，函数 pow(x,y) 计算 x 的 y 次方
        if(pow(n,15)>pow(2,20))
            sfjx=0;
        else
            n++;
    };
    printf(" 开始时为 %d 个！ \n",n);
    system("pause");
    return 0;
}
```

三、实验要求

（1）写出所有的程序，运行调试，验证结果。

（2）总结迭代与递推算法程序设计时的注意事项。

实验 11 递归算法

一、实验目的

（1）掌握递归算法的概念及适用范围。

（2）熟悉递归算法的设计原理。

二、实验内容

递归是设计和描述算法的一种有力工具，在复杂算法的描述中被经常采用，可达到简化算法设计的目的。

能采用递归算法描述的问题通常有这样的特征：为求解规模为 N 的问题，设法将其分解成规模较小的问题，然后从这些小问题的解中方便地构造出大问题的解，并且这些规模较小的问题也能采用同样的分解和综合方法，分解成规模更小的问题，并从这些更小问题的解构造出规模较大问题的解。特别地，当规模小到一定程度（如 N=1）时，能直接得解。

（1）编写计算斐波那契（Fibonacci）数列的第 n 项函数 fib(n)。

斐波那契数列为 1，2，3，5，8，…，即

$$\begin{cases} f_i = 1 & ,i=1 \\ f_i = 2 & ,i=2 \\ f_i = f_{i-1} + f_{i-2} & ,i \geqslant 3 \end{cases}$$

参考程序：

```
#include <stdio.h>
#define N 30
long fib(int n)
{
    if(n==1)
       return 1;
    else
        if(n==2)
           return 2;
        else
            return(fib(n-1)+fib(n-2));
}
int main()
{
    int i,n;
    do
    {
        printf("请输入项数(1--%d): ",N);
        scanf("%d",&n);
    }while((n<1)||(n>N));
    for(i=1;i<=n;i++)
        printf("第%2d项的值为: %10d\n",i,fib(i));
    return 0;
}
```

递归算法的执行过程分递推和回归两个阶段。

在递推阶段，把较复杂问题(规模为 n)分解为比原问题简单的问题(规模小于 n)，例如上例中，求解 fib(n)，把它推到求解 fib(n-1) 和 fib(n-2)，也就是说，为计算 fib(n)，必须先计算 fib(n-1)

和 fib(*n*- 2)，而计算 fib(*n*-1) 和 fib(*n*-2)，又必须先计算 fib(*n*-3) 和 fib(*n*-4)，依次类推，直至计算 fib(2) 和 fib(1),分别能立即得到结果 2 和 1。在此阶段,必须要有终止递推的情况,例如在函数 fib () 中，当 *n* 为 2 和 1 时则终止递推。

在回归阶段，当获得最简单情况的解后，逐级返回，依次得到稍复杂问题的解，例如得到 fib(2) 和 fib(1) 后，返回得到 fib(3) 的结果……在得到 fib(*n*-1) 和 fib(*n*-2) 的结果后，返回得到 fib(*n*) 的结果。

编写递归函数时,函数中的局部变量和参数仅局限于当前调用层,当递推进入“简单问题”层时,原来层次上的参数和局部变量便被隐蔽起来，在一系列“简单问题”层，它们各有自己的参数和局部变量。

由于递归会引起一系列的函数调用，并且可能会有一系列的重复计算，递归算法的执行效率相对较低,占用内存也较多。当某个递归算法能较方便地转换成递推算法时,通常按递推算法编写程序。

（2）编程计算 *n*！。

$$n! = \begin{cases} n\times(n-1)! & ,n\geqslant 1 \\ 1 & ,n=0 \end{cases}$$

据此可设计计算阶乘的算法如下：

```
long factorial(int n)
{
    if(n==0)
       return 1;
    else
       return(n*factorial(n-1));
}
```

（3）猴子吃桃问题：猴子第一天摘下若干个桃子，吃了一半，还不过瘾，又多吃了一个，第二天早上又将剩下的桃子吃掉一半，又多吃了一个，以后每天早上都吃了前一天剩下的一半多一个，到第 30 天早上想再吃时，见只剩下一个桃子了，求第一天共摘了多少桃子。

根据题意，设 S_i 为第 *i* 天所拥有的桃子，则前后相邻两天的桃子数有如下关系：

$S_{i+1}=S_i-(\frac{S_i}{2}+1)$，将此式转换得：$S_i=2S_{i+1}+2$，据此可得出如下公式组：

$$\begin{cases} S_i=2S_{i+1}+2 & ,1\leqslant i<30 \\ S_i=1 & ,i=30 \end{cases}$$

若用一个符号常量 N 表示总天数，则相应算法如下：

```
long peach(int n)
{
    if(n==N)
       return 1;
    else
       return(2*peach(n+1)+2);
}
```

（4）汉诺塔（又称河内塔）问题是印度的一个古老的传说。开天辟地的神勃拉玛在一个庙里留下了三根金刚石的棒，第一根上面套着 64 个圆盘，最大的一个在底下，其余一个比一个小，依次叠上去，庙里的众僧不倦地把它们一个个地从这根棒搬到另一根棒上，规定可利用中间的一根棒子作为辅助，但每次只能搬一个，而且大的不能放在小的上面，如图 2-7 所示。

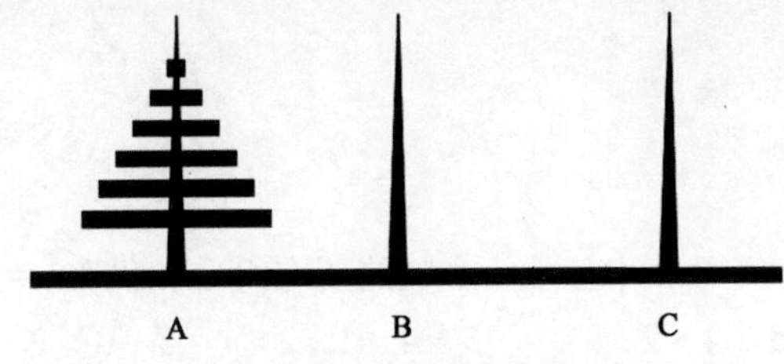

图 2-7　汉诺塔图示

有预言说，这件事完成时宇宙会在一瞬间闪电式毁灭，也有人相信婆罗门至今还在一刻不停地搬动着圆盘。

后来，这个传说就演变为汉诺塔游戏：

①有三根柱子 A、B、C，A 柱上有若干盘子。

②每次移动一个盘子，小的只能叠在大的上面。

③把所有盘子从 A 柱上全部移到 C 柱上。

移动次数：

假如说有一个盘子，只需挪动一步；假如说有 n 个盘子，要挪 A_n 步，那么有 $n+1$ 个盘子可以先通过 A_n 步把上面的 n 个盘子挪到辅助柱子上，再挪最大的盘子，最后把 n 个盘子挪到大的上面，共 $2A_n+1$ 步，所以 $A_{n+1}=2A_n+1$，这样计算下来 $A_n=2$^$n-1$（2 的 n 次方减 1）。

算法思路：

①如果只有一个盘子，则把该盘子从源移动到目标柱，结束。

②如果有 n 个盘子，则把前 $n-1$ 个盘子移动到辅助的柱，然后把自己移动到目标柱，最后再把前 $n-1$ 个移动到目标柱。

参考程序：

```
#include <stdio.h>
#include <stdlib.h>
double count=0;
void hanoi(char a,char b,char c,int n)  //将 a 上的 n 个盘子借助 b 移动到 c
{
    if(n==1)
    {
       count++;
       printf("No.%20.0f:    %c->%c\n",count,a,c);
    }
    else
    {
       hanoi(a,c,b,n-1);
       count++;
       printf("No.%20.0f:    %c->%c\n",count,a,c);
       hanoi(b,a,c,n-1);
```

```
    }
}
int main()
{
    hanoi('A','B','C',10);
    system("pause");
    return 0;
}
```

(5) 找出从自然数 1，2，…，*n* 中任取 *r* 个数的所有组合，例如 *n*=5、*r*=3 的所有组合为：

5 4 3　　5 4 2　　5 4 1　　5 3 2　　5 3 1

5 2 1　　4 3 2　　4 3 1　　4 2 1　　3 2 1

分析所列的 10 个组合，可以采用这样的递归思想来考虑求组合函数的算法：

设用函数 void comb(int m,int k) 找出从自然数 1，2，…，*m* 中任取 *k* 个数的所有组合，当组合的第一个数字选定时，其后的数字是从余下的 *m*-1 个数中取 *k*-1 个数的组合，这就将求 *m* 个数中取 *k* 个数的组合问题转化成从剩下的 *m*-1 个数中取 *k*-1 个数的组合问题。设函数引入工作数组 *a*[] 存放已确定的组合数字，约定函数将确定的 *k* 个数字组合的第一个数字放在 *a*[*k*] 中，当一个组合求出后，才将 *a*[] 中的一个组合输出，第一个数可以是 *m*，*m*-1，…，*k*，函数将确定组合的第一个数字放入数组后，有两种可能的选择：

①因还未确定组合的其余元素，继续递归去确定。

②或因已确定了组合的全部元素，输出这个组合。

参考程序：

```
#include <stdio.h>
#define MAXN 100
int a[MAXN];
void comb(int m,int k)
{
    int i,j;
    for(i=m;i>=k;i--)
    {
        a[k]=i;                //从m到k这几个数中逐个取值
        if(k>1)                //没取够，从i-1到k这些数中继续取k-1个数
            comb(i-1,k-1);
        else                   //已取够，输出
        {
            for(j=a[0];j>0;j--)
                printf("%4d",a[j]);
            printf("\n");
        }
    }
}
int main()
{
    int m=5,k=3;
    a[0]=k;
```

```
    comb(m,k);
    printf("\n");
    return 0;
}
```

（6）n 个数的全排列。

设集合 $R=\{r_1, r_2, \cdots, r_n\}$ 是要进行排列的 n 个元素，$R_i=R-\{r_i\}$，集合 X 中元素的全排列记为 Perm(X)，(r_i)Perm(X) 表示在全排列 Perm(X) 的每一个排列前加上前缀 r_i 得到的排列，R 的全排列可归纳定义如下：

当 $n=1$ 时，Perm(R)=$\{r\}$，r 是集合 R 中唯一的元素。

当 $n>1$ 时，Perm(R) 由 (r_1)Perm(R_1)，(r_2)Perm(R_2)，…，(r_n)Perm(R_n) 构成。

例如，要获取 1234 的全排列，可分解为如下几部分：

1{234 的全排列 }

2{134 的全排列 }

3{214 的全排列 }

4{231 的全排列 }

参考程序：

```
#include <stdio.h>
#include <stdlib.h>
#define N 4
void swap(char *a, char *b)
{
    char temp=*a;
    *a=*b;
    *b=temp;
}
void perm(char list[], int k, int m)
{
    int i;
    if (k==m)
    {
        //输出一个排列方式
        for (i=1;i<=m;i++)
            putchar(list[i]);
        putchar('\n');
    }
    else
        // list[k: m] 有多个排列方式
        // 递归地产生这些排列方式
        for(i=k;i<=m;i++)
        {
            swap(&list[k],&list[i]);
            perm(list,k+1,m);
            swap(&list[k],&list[i]);
        }
```

```
}
int main()
{
    char i,*s;
    s=(char *)malloc((N+1)*sizeof(char));
    for(i=1;i<=N;i++)
        s[i]='0'+i;
    perm(s,1,N);
    return 0;
}
```

（7）求数字的乘积根。

定义：正整数中非 0 数字的乘积称为该数数字乘积。例如，1620 的数字乘积为 1×6×2=12，12 的数字乘积为 1×2=2。

定义：正整数的数字乘积根为反复取该整数的数字乘积，直到最后的数字乘积为一个一位数，这个一位数字就叫该正整数的数字乘积根。

编程要求：统计 10 000 以内，其数字乘积根分别为 1～9 的正整数个数。

参考程序：

```
#include <stdio.h>
//求某数 n 的数字乘积根
int chengji(int n)
{
    int ji=1,r;
    do                      //求数字乘积
    {
        r=n%10;             //从中取一位数
        if(r!=0)            //非 0 则求乘积
           ji*=r;
        n=n/10;
    }while(n!=0);
    while(ji>=10)           //若不是数字乘积根则递归调用函数继续求数字乘积
    {
        ji=chengji(ji);
    }
    return ji;
}
int main()
{
    int geshu[10]={0};  //此数组用于存放数字乘积根分别为 1~9 的正整数个数，0 号元素不用
    int i,ji;
    for(i=1;i<=10000;i++)
    {
        ji=chengji(i);
        geshu[ji]++;     //相应元素个数增 1
    }
    for(i=1;i<=9;i++)
        printf("%10d",geshu[i]);
    printf("\n");
    return 0;
}
```

三、实验要求

（1）写出所有程序，运行调试，验证结果。

（2）总结递归算法程序设计的注意事项。

实验 12 回溯算法

一、实验目的

（1）掌握回溯算法的概念及适用范围。

（2）熟悉回溯算法的设计原理。

二、实验内容

回溯算法也称试探法，是一种系统地搜索问题解的方法。

回溯算法的基本思想：从一条路往前走，能进则进，不能进则退回来，换一条路再试。其示意图如图 2-8 所示。

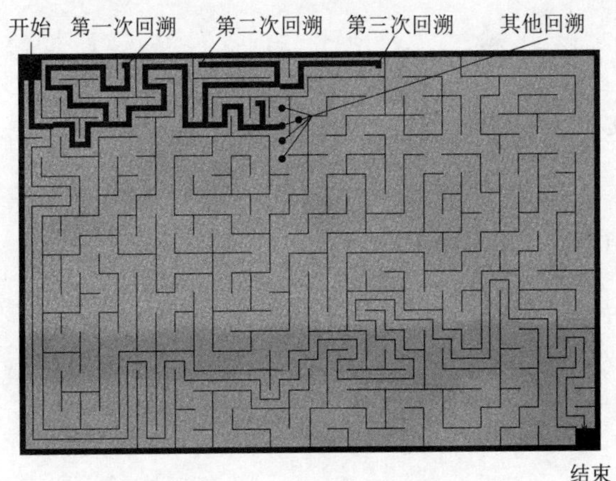

图 2-8　回溯算法示意图

回溯法是一个既带有系统性又带有跳跃性的搜索算法，它在包含问题的所有解的解空间树中，按照深度优先的策略，从根结点出发搜索解的空间树，搜索至解空间树的任一结点时，总是先判断该结点是否肯定不包含问题的解。如果肯定不包含，则跳过对以该结点为根的子树的系统搜索，逐层向其祖先结点回溯；否则，进入该子树，继续按深度优先的策略进行搜索。

回溯法在用来求问题的所有解时，要回溯到根，且根结点的所有子树都已被搜索遍才结束。而回溯法在用来求问题的任一解时，只要搜索到问题的一个解就可以结束。这种以深度优先的方式系统地搜索问题的解的算法称为回溯法，它适用于解一些组合数较大的问题。

1. 算法框架

（1）问题的解空间：应用回溯法解问题时，首先应明确定义问题的解空间，问题的解空间应至少包含一个（最优）解。

（2）回溯法的基本思想：确定了解空间的组织结构后，回溯法就从开始结点（根结点）出发，以深度优先的方式搜索整个解空间，这个开始结点就成为一个活结点，同时也成为当前的扩展结点。在当前的扩展结点处，搜索向纵深方向移至一个新结点，这个新结点就成为一个新的活结点，并成为当前扩展结点，如果在当前的扩展结点处不能再向纵深方向移动，则当前扩展结点就成为死结点。换句话说，这个结点不再是一个活结点，此时，应往回移动（回溯）至最近的一个活结点处，并使这个活结点成为当前的扩展结点。回溯法即以这种工作方式递归地在解空间中搜索，直至找到所要求的解或解空间中已没有活结点时为止。

运用回溯法解题通常包含以下3个步骤：

①针对所给问题，定义问题的解空间。

②确定易于搜索的解空间结构。

③以深度优先的方式搜索解空间，并且在搜索过程中排除不可能情况以避免无效搜索。

（3）递归回溯：由于回溯法是对解的空间的深度优先搜索，因此在一般情况下可用递归函数来实现。

回溯法程序的基本框架如下：

```
Try(int i)
{
    if i>n then 输出结果
    else
       for j:=下界 to 上界 do
       {
           x:=h[j];
           if 可行{满足限界函数和约束条件}
           {
               置值;
               try(i+1);
           }
       }
}
```

说明：

① i是递归深度。

② n是深度控制，即解空间树的高度。

可行性判断有两方面的内容：

①不满约束条件则剪去相应子树。

②若限界函数越界，也剪去相应子树。

③两者均满足则进入下一层。

搜索：全面访问所有可能的情况，分为两种：不考虑给定问题的特有性质，按事先设好的顺序，依次运用规则，即盲目搜索的方法；另一种则考虑问题给定的特有性质，选用合适的规则，提高搜索的效率，即启发式的搜索。

2. 应用实例

（1）骑士游历：设有一个$m\times n$的棋盘（$2\leqslant m\leqslant 50$，$2\leqslant n\leqslant 50$），在棋盘上任一点有一个

中国象棋马，马的移动规则为：马走日字。棋盘和马的位置如图 2-9 所示。

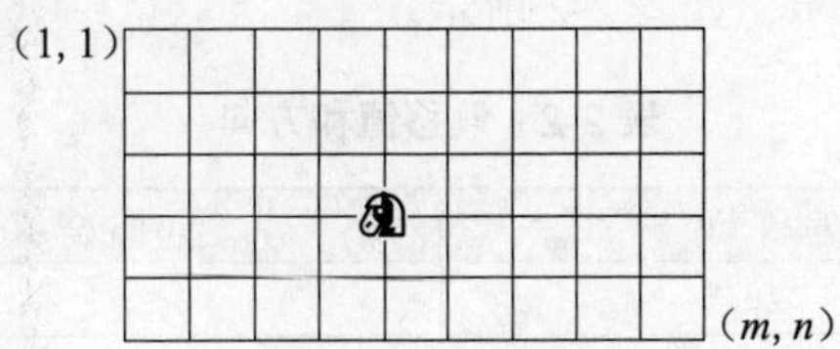

图 2-9　棋盘和马的位置

任务①：当 m、n 输入之后，找出一条走遍所有点的路径。

任务②：当 m、n 给出之后，找出走遍所有点的全部路径及数目。

分析：为了解决这个问题，将棋盘的横坐标规定为 x，纵坐标规定为 y，对于一个 $m \times n$ 的棋盘，x 的值从 1 到 m，y 的值从 1 到 n。棋盘上的每一个点，可以表示为：(x 坐标值，y 坐标值)，即用它所在的行号和列号来表示，例如，(3，5) 表示第 3 行和第 5 列相交的点。

要寻找从起点到终点的路径，可以使用回溯算法。首先将起点作为当前位置，按照象棋中马的移动规则，搜索有没有可移动的相邻位置，如果有可移动的相邻位置，则移动到其中的一个相邻位置，并将这个相邻位置作为新的当前位置，按同样的方法继续搜索通往终点的路径；如果搜索不成功，则换另外一个相邻位置，并以它作为新的当前位置，继续搜索通往终点的路径。以 4×4 的棋盘为例，如图 2-10 所示。

首先将起点 (1，1) 作为当前位置，按照象棋中马的移动规则，可以移动到 (2，3) 和 (3，2)，假如移动到 (2，3)，以 (2，3) 作为新的当前位置，又可以移动到 (4，4)、(4，2) 和 (3，1) 继续移动，假如移动到 (4，4)，将 (4，4) 作为新的当前位置，这时候已经没有可以移动的相邻位置了，(4，4) 已经是终点，对于任务①，已经找到了一条从起点到终点的路径，完成了任务，结束搜索过程。但对于任务②，还不能结束搜索过程，从当前位置 (4，4) 回溯到 (2，3)，(2，3) 再次成为当前位置，从 (2，3) 开始，换另外一个相邻位置移动，移动到 (4，2)，然后是 (3，1)。(2，3) 的所有相邻位置都已经搜索过，从 (2，3) 回溯到 (1，1)，(1，1) 再次成为当前位置，从 (1，1) 开始，还可以移动到 (3，2)，从 (3，2) 继续移动，可以移动到 (4，4)，这时，所有可能的路径都已经试探完毕，搜索过程结束。

如果用树形结构来组织问题的解空间（见图 2-11），那么寻找从起点到终点的路径的过程，实际上就是从根结点开始，使用深度优先方法对这棵树的一次搜索过程。

还存在这样一个问题：怎样从当前位置移动到它的相邻位置？象棋马有 8 种移动方法，如图 2-12 所示。

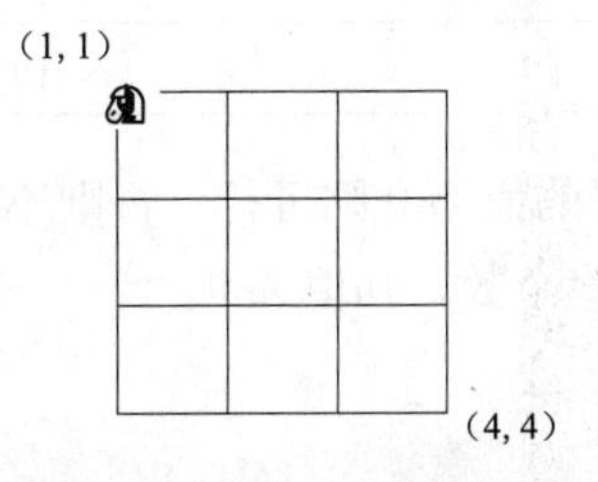

图 2-10　4×4 的棋盘

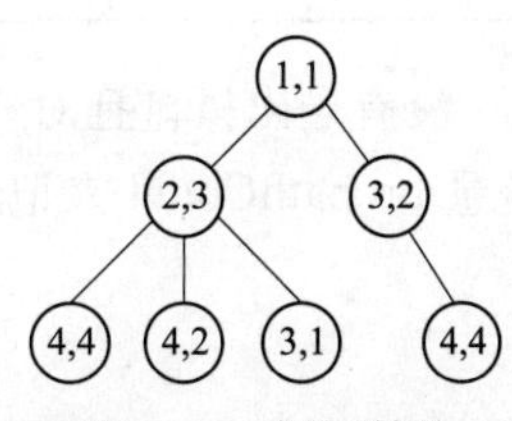

图 2-11　树形结构

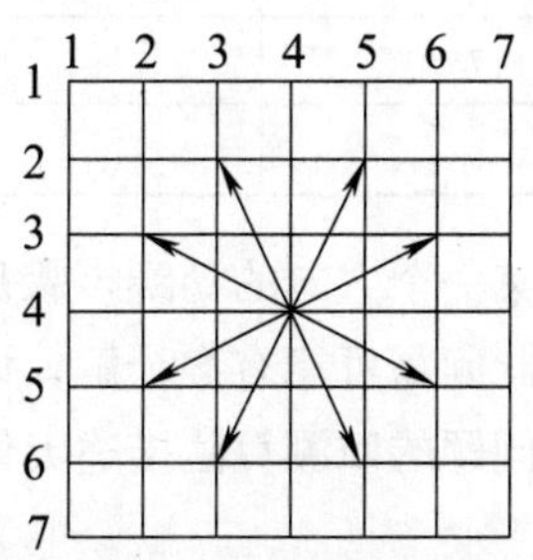

图 2-12　马的 8 种移动方法

这里分别给 8 种移动方法编号 1、2、3、4、5、6、7、8，每种移动方法，可以用横坐标和纵坐标从起点到终点的偏移值来表示，如表 2-2 所示。

表 2-2　偏移值和方向

编号(*i*)	*x* 偏移值	*y* 偏移值	方　向
1	−2	1	左下
2	−2	−1	左上
3	−1	2	左下
4	−1	−2	左上
5	1	2	右上
6	1	−2	右上
7	2	1	右下
8	2	−1	右上

从当前位置搜索它的相邻位置时，为了便于程序的实现，可以按照移动编号的固定顺序来进行。例如，首先尝试第 1 种移动方法，其次尝试第 2 种移动方法，再次尝试第 3 种移动方法，然后尝试第 4 种移动方法……

具体实现过程如下：

①棋盘的表示：用一个二维数组 int　position[M+1][N+1] 来表示二维棋盘，为了符合人们的一般习惯，其中 0 行及 0 列不用，数组元素的初始值都为 0，表示还没有被走过，若被走过则在相应位置填入走过的顺序号。

②马走的步骤的控制：设一个变量 stepCount 记录走的步骤数。

③马位置的表示：用坐标 *x* 及 *y* 来表示马在棋盘中的横及纵坐标。

④马走的方向的控制如表 2-3 所示。

表 2-3　马走的方向的控制

编号(*i*)	*x* 偏移值	*y* 偏移值	方　向
1	−2	1	左下
2	−2	−1	左上
3	−1	2	左下
4	−1	−2	左上
5	1	2	右上
6	1	−2	右上
7	2	1	右下
8	2	−1	右上

⑤某一个方向的马跳步骤是否可行：没有走出棋盘且对应位置的值为 0 则可行，否则不可行。

⑥此问题可能有多个解，设一个变量 int pathCount 来记录方案个数，初值为 0。

此问题的回溯算法描述大体如下：

```
void horse(int x,int y)
{
```

```
    int xBuf=x;                          //暂存当前位置以备将来返回时用
    int yBuf=y;
    for(int i=1;i<=8;i++)
    {
        x=xBuf;
        y=yBuf;                          //恢复当前位置，为下一步做准备
        nextStep(i);                     //找下一个新的位置，注意不一定可行
        if(stepSafe())                   //若新位置可行则保存相关信息
        {
            stepSave();
            if(stepCount==M*N)           //已跳遍则输出本方案并回退一步再换方向跳
            {
                output();
                stepBack(x,y);
            }
            else                         //若没有跳遍则以新位置为起点继续跳
                    horse();
        }
    }
    stepBack(xBuf,yBuf);                 //回退到前一步再换方向跳以找出所有方案
}
```

参考程序：

```
#include <stdio.h>
#include <stdlib.h>
#define M 5                              //棋盘行数
#define N 5                              //棋盘列数
int position[M+1][N+1];
int stepCount=0,pathCount=0;
static int x=1,y=1;
void init()
{
    int i,j;
    for(i=0;i<=M;i++)
        for(j=0;j<=N;j++)
            position[i][j]=0;
}
void nextStep(int n)
{
    if(n==1)
    {
       x=x-2;y=y+1;
    }
    else
        if(n==2)
        {
           x=x-2;y=y-1;
        }
        else
           if(n==3)
```

```
            {
                x=x-1;y=y+2;
            }
            else
                if(n==4)
                {
                    x=x-1;y=y-2;
                }
                else
                    if(n==5)
                    {
                        x=x+1;y=y+2;
                    }
                    else
                        if(n==6)
                        {
                            x=x+1;y=y-2;
                        }
                        else
                            if(n==7)
                            {
                                x=x+2;y=y+1;
                            }
                            else
                                if(n==8)
                                {
                                    x=x+2;y=y-1;
                                }
}
int stepSafe()      //1 一可行，0 一不可行
{
    if((x<1)||(x>M)||(y<1)||(y>N)||(position[x][y]!=0))
        return 0;
    else
        return 1;
}
void stepSave()
{
    stepCount++;
    position[x][y]=stepCount;
}
void stepBack(int x,int y)
{
    stepCount--;
    position[x][y]=0;
}
void output()
{
    int i,j;
    pathCount++;
```

```
    printf("\n---------第%d种方案--------\n",pathCount);
    for(i=1;i<=M;i++)
    {
        for(j=1;j<=N;j++)
            printf("%4d",position[i][j]);
        printf("\n");
    }
    printf("--------------------------------------\n");
    //system("pause");
}
void horse()
{
    int xBuf=x,yBuf=y,i;
    for(i=1;i<=8;i++)
    {
        x=xBuf;
        y=yBuf;
        nextStep(i);
        if(stepSafe())
        {
            stepSave();
            if(stepCount==M*N)
            {
               output();
               stepBack(x,y);
            }
            else
               horse();
        }
    }
    stepBack(xBuf,yBuf);
}

int main()
{
    stepSave();
    horse();
    return 0;
}
```

（2）八皇后问题：要在国际象棋棋盘中放 8 个皇后，使任意 2 个皇后都不能互相吃（提示：皇后能吃同一行、同一列、同一对角线的任意棋子）。

```
#include <stdlib.h>
#include <math.h>
#include <stdio.h>

//判断第n行是否可以放置皇后
bool SignPoint(int n,int *position)
{
```

```
    for(int i=0;i<n;i++)
        if((*(position+i)==*(position+n))||((abs(*(position+i)-*(position+n))==n-i)))
            return false;
    return true;
}
//设置皇后
void SetQueen(int n,int queen,int *position,int *count)
{
    if(queen==n)
    {
        *count=*count+1;
        printf("NO.%d:\n",*count);
        for(int i=0;i<queen;i++)
        {
            for(int j=0;j<queen;j++)
            {
                if(j==position[i])
                    printf("*");
                else
                    printf("0");
            }
            printf("\n");
        }
        printf("\n");
    }
    else
    {
        for(int i=0;i<queen;i++)
        {
            position[n]=i;
            if(SignPoint(n,position))    //如果该位置放置皇后正确，则到下一行
                SetQueen(n+1,queen,position,count);
        }
    }
}
int main(int argc, char *argv[])
{
    int queen,count,*position;
    printf("请输入皇后的总数:");
    scanf("%d",&queen);
    count=0;
    position=(int*)malloc(sizeof(int));
    SetQueen(0,queen,position,&count);
    printf("\n结束! \n");
    system("pause");
    return 0;
}
```

（3）素数环：把 1 ~ 20 这 20 个数摆成一个环，要求相邻两个数的和是一个素数。

非常明显，这是一个回溯问题，从 1 开始，每个空位最多有 20 种可能，只要填进去的数合法：

①与前面的数不相同；②与左边相邻的数的和是一个素数；③第 20 个数还要判断和第 1 个数的和是否素数。

算法流程：

①数据初始化。

②递归填数。

判断第 J 种可能是否合法：

①如果合法，填数。判断是否到达目标（20 个已填完）：是，打印结果；不是，递归填下一个。

②如果不合法：选择下一种可能。

参考程序：

```
#include <stdio.h>
#include <stdlib.h>
#include <math.h>
#define N 20
int count=0;
bool pd1(int j,int i,int a[])     //判断 j 在前 i-1 个数中是否已被选
{
    bool sf=1;
    int k;
    for(k=1;(k<=i-1)&&sf;k++)
        if(a[k]==j)
            sf=0;
    return sf;
}
bool pd2(int x)                   //判断 x 是否为素数
{
    bool sf=1;
    int k;
    for(k=2;sf&&(k<=(int)sqrt(x));k++)
        if(x%k==0)
            sf=0;
    return sf;
}
bool pd3(int j,int i,int a[])    //判断相邻两数之和是否为素数
{
    if(i<20)
        return(pd2(j+a[i-1]));
    else
        return(pd2(j+a[i-1])&&pd2(j+1));
}
void print(int a[])              //输出结果
{
    int k;
    for(k=1;k<=20;k++)
        printf("%4d",a[k]);
    printf("\n");
}
```

```
void tryit(int i,int a[])
{
    int j;
    for(j=2;j<=20;j++)
        if(pd1(j,i,a)&&pd3(j,i,a))
        {
            a[i]=j;
            if(i==20)
            {
                print(a);
                count++;
            }
            else
                tryit(i+1,a);
            a[i]=0;
        }
}
int main()
{
    int k,a[N+1];
    for(k=1;k<=20;k++)
        a[k]=0;
    a[1]=1;
    tryit(2,a);
    printf("\n共有 %d 种方法! \n",count);
    system("pause");
    return 0;
}
```

本程序运行时间比较长，需耐心等待。

三、实验要求

（1）写出所有程序，运行调试，验证结果。

（2）总结回溯算法的设计思路、技巧。

实验 13 常见排序算法

一、实验目的

（1）掌握常见排序算法的设计思路及各自优缺点。

（2）熟悉冒泡、选择等基本排序算法。

二、实验内容

所谓排序，就是要整理记录数据，使之按关键字递增（或递减）次序排列。其确切定义如下：

输入：n 个记录 R_1，R_2，…，R_n，其相应的关键字分别为 K_1，K_2，…，K_n。

输出：R_{i1}，R_{i2}，…，R_{in}，使得 $K_{i1} \leqslant K_{i2} \leqslant \cdots \leqslant K_{in}$（或 $K_{i1} \geqslant K_{i2} \geqslant \cdots \geqslant K_{in}$）。

1. 被排序对象——记录

排序的对象由一组记录组成，而记录则由一个或多个数据项组成，其中有一项可用来标识一个记录，称为关键字项，该数据项的值称为关键字（Key）。

2. 排序运算的依据——关键字

用作排序运算依据的关键字，可以是数值型，也可以是字符型。关键字的选取应根据问题的要求而定。例如，在高考成绩统计中将每个考生作为一条记录，每条记录包含准考证号、姓名、各科的分数和总分等内容，若要唯一地标识一个考生的记录，则必须用“准考证号”作为关键字，若要按照考生的总分排名次，则需用“总分”作为关键字。

3. 排序的稳定性

当等待排序的各记录的关键字均不相同时，排序结果是唯一的，但若存在多个关键字相同的记录，则排序结果可能不唯一。经过排序后这些具有相同关键字的记录之间的相对次序保持不变，则该排序方法是稳定的；若具有相同关键字的记录之间的相对次序在排序后发生变化，则称这种排序方法是不稳定的。

4. 排序方法的分类

（1）按是否涉及数据的内、外存交换分为内排序和外排序。在排序过程中，若整个数据都放在内存中处理，排序时不涉及数据的内、外存交换，则称为内部排序（简称内排序）；反之，若排序过程中要进行数据的内、外存交换，则称为外部排序。

注意：①内排序适用于记录个数不很多的情况；②外排序则适用于记录个数太多，不能一次将其全部放入内存的情况。

（2）按策略划分内部排序方法，一般可以分为冒泡排序、选择排序、直接插入排序等。

①冒泡排序算法。交换排序的一种，基本思路如下：对尚未排序的各元素从头到尾依次比较相邻的两个元素是否逆序（与要求顺序相反），若逆序就交换这两个元素，经过第一轮比较排序后便可把最大（或最小）的元素排好，然后再用同样的方法把剩下的元素逐对进行比较，就可得到所要的顺序。可以看出，如果有 n 个元素，那么一共要进行 n-1 轮比较，第 i 轮要进行 j=n-i 次比较（例如，有 5 个元素，则要进行 5-1 轮比较，第 3 轮则要进行 5-3 次比较）。

表 2-4 所示为某个班若干个人的成绩，编一个程序，输入该班每个人的姓名、性别、年龄、平时、笔试、操作这几项信息，计算每个人的平均成绩，再用冒泡法按平均成绩降序排序后输出完整的成绩表，最后将结果存入一个文件以便长久保存。

表 2-4　成绩表

姓　名	性　别	年　龄	平　时	笔　试	操　作	平　均
孙霞	女	20	81	60	67	
杨春	女	25	80	66	65	
陈薇薇	男	22	68	45	45	
陈凤春	女	24	90	87	56	
王方茹	男	23	89	65	88	
马丽萍	女	20	95	87	66	

参考程序：

```
#include<stdio.h>
#include<stdlib.h>
#define N 50
void bubblesort(int *r,int n)
{
   /* 冒泡排序 */
   int i,j;
   for(j=1;j<n;j++)
       for(i=1;i<=n-j;i++)
           if(r[i]>r[i+1])
           {
              r[0]=r[i];
              r[i]=r[i+1];
              r[i+1]=r[0];
            }
}
int main()
{
    int a[N+1],i,k,len;
    printf("输入待排序数据（最多%d个，整数，以空格隔开，0结束）:",N);
    //以下代码输入若干个数据，直至达到最大个数或输入值为0
    k=0;
    do
    {
        scanf("%d",&a[++k]);
    }while((a[k]!=0)&&(k<N));
    if(a[k]==0)
        len=k-1;
    else
        len=k;
    printf("排序前:\n");
    for(i=1;i<=len;i++)
        printf("%8d",a[i]);
    printf("\n");
    bubblesort(a,len);
    printf("排序后:\n");
    for(i=1;i<=len;i++)
        printf("%8d",a[i]);
    printf("\n");
   system("pause");
    return 0;
}
```

②选择排序算法。也是交换排序算法的一种，基本思想为：每一趟从待排序的数据元素集合中选出最小（或最大）的一个元素，放到已排好序的数列的最前面或最后面，直到全部元素有序为止。

排序过程示例：

初始关键字：[49 38 65 97 76 13 27 49]

第一趟排序后：13 [38 65 97 76 49 27 49]

第二趟排序后：13 27 [65 97 76 49 38 49]

第三趟排序后：13 27 38 [97 76 49 65 49]

第四趟排序后：13 27 38 49 [49 97 65 76]

第五趟排序后：13 27 38 49 49 [97 65 76]

第六趟排序后：13 27 38 49 49 65 [97 76]

第七趟排序后：13 27 38 49 49 76 [97 76]

最后排序结果：13 27 38 49 49 76 76 97

参考程序：

```
#include <stdio.h>
#include <stdlib.h>
#define N 50
void selectsort(int *r,int n)
{
   /* 选择排序 */
   int i,j,minj;
   for(j=1;j<n;j++)
   {
       minj=j;
       for(i=j+1;i<=n;i++)
           if(r[i]<r[minj])
               minj=i;
       r[0]=r[minj];
       r[minj]=r[j];
       r[j]=r[0];
   }
}
int main()
{
   int a[N+1],i,k,len;
   printf(" 输入待排序数据 ( 最多 %d 个，整数，以空格隔开，0 结束 ):",N);
   // 以下代码输入若干个数据，直至达到最大个数或输入值为 0
   k=0;
   do
   {
      scanf("%d",&a[++k]);
   }while((a[k]!=0)&&(k<N));
   if(a[k]==0)
      len=k-1;
   else
      len=k;
   printf(" 排序前 :\n");
   for(i=1;i<=len;i++)
      printf("%8d",a[i]);
   printf("\n");
   selectsort(a,len);
   printf(" 排序后 :\n");
```

```
    for(i=1;i<=len;i++)
        printf("%8d",a[i]);
    printf("\n");
    system("pause");
    return 0;
}
```

③直接插入排序算法。直接插入排序 (Straight Insertion Sort) 是一种最简单的排序方法，它的基本操作是将一个记录插入到已排好序的有序表中，从而得到一个新的、记录数增 1 的有序表。

参考程序：

```
#include <stdio.h>
#include <stdlib.h>
#define N 50
void insertsort(int *r,int n)
{
    // 直接插入排序
    int i,j;
    for(i=2;i<=n;i++)
    {
        r[0]=r[i];
        j=i-1;                 //r[0] 是监视哨，j 表示当前已排好序列的长度
        while(r[0]<r[j])       // 确定插入位置
        {
            r[j+1]=r[j];
            j--;
        }
        r[j+1]=r[0];           // 元素插入
    }
}
int main()
{
    int a[N+1],i,k,len;
    printf(" 输入待排序数据 ( 最多 %d 个，整数，以空格隔开，0 结束 ):",N);
    // 以下代码输入若干个数据，直至达到最大个数或输入值为 0
    k=0;
    do
    {
        scanf("%d",&a[++k]);
    }while((a[k]!=0)&&(k<N));
    if(a[k]==0)
        len=k-1;
    else
        len=k;
    printf(" 排序前 :\n");
    for(i=1;i<=len;i++)
        printf("%8d",a[i]);
    printf("\n");
    insertsort(a,len);
```

```
    printf("排序后：\n");
    for(i=1;i<=len;i++)
        printf("%8d",a[i]);
    printf("\n");
    system("pause");
    return 0;
}
```

三、实验要求

（1）总结几种排序算法的特点及优缺点。

（2）了解有关排序的其他算法，比较各类排序算法的性能差异。

实验 14 常见检索算法

一、实验目的

（1）掌握常见顺序及二分检索算法的设计思路、条件及各自优缺点。

（2）掌握基本检索算法的实现方法。

二、实验内容

检索通常是指在一组记录中按给定的关键字查找某条记录，找到则返回其相应数据或位置，找不到则返回“找不到”信息。

比较常见的检索算法有顺序检索算法和二分检索算法。

顺序检索算法对于记录的排列没有特别要求（乱序也行，有序有可），在检索时从第一个到最后一个逐个比较，找到则停下来并返回相应信息；若所有记录比较完后还没有符合条件的记录，则返回“找不到”的信息。

（1）已知有一组整数（100 个以上，取值在 1 ～ 32 767 之间，练习时可以用随机函数产生），由用户给定一个数，若该数存在于上述一组数中，则返回其在那组数中的顺序号；若不存在则返回 0。

参考程序：

```
#include <stdio.h>
#include <stdlib.h>
#include <time.h>

#define N 100
void init(int a[])                          //产生一组数
{
    int i;
    srand((unsigned)time(NULL));        //以时间作为随机函数种子，以产生真正的随机数
    for(i=1;i<=N;i++)
        a[i]=rand();
}
```

```
void output(int a[])
{
    for(int i=1;i<=N;i++)
        printf("%8d",a[i]);
    printf("\n\n");
}

int sequentsearch(int a[],int x)    //顺序检索
{
    int i=N;
    while((i>=1)&&(a[i]!=x))
        i--;
    return i;
}
int main()
{
    int a[N+1],p,x;
    init(a);
    output(a);
    printf("\n请输入要查找的数（整数）：");
    scanf("%d",&x);
    p=sequentsearch(a,x);
    if(p==0)
       printf("\n没有找到这个数！！！\n");
    else
       printf("\n这个数是原有数中的第%d个！！！\n",p);
    system("pause");
    return 0;
}
```

此算法在检索过程中要同时比较两个条件 (i>=1)&&(a[i]!=x)，比较条件越多，程序执行的速度就越慢，为此，可将其中的检索算法做如下改进：

```
int sequentsearch(int a[],int x)//改进后的顺序检索
{
    int i=N;
    a[0]=x;                          //设置一个观察哨
    while(a[i]!=x)
        i--;
    return i;
}
```

这样在检索时就只剩一个判断条件，速度相应会提高。

（2）二分检索法也称折半查找法，它充分利用了元素间的次序关系，采用分治策略来完成搜索任务。它的基本思想是：首先要求搜索范围内的所有数是有序排列的（这里假设元素呈升序排列），将 n 个元素分成个数大致相同的两半，取 a[n/2] 与待查找的 x 进行比较，如果 x=a[n/2] 则找到 x，算法终止，如果 x<a[n/2]，则只要在数组 a 的左半部继续搜索 x，如果 x>a[n/2]，则只要在数组 a 的右半部继续搜索，x 每经过一次比较，要么找到需要的数据，要么查找范围缩小一半。

折半查找法只适用于查找范围内数据有序的情况。

示例如下：

```
#include <stdio.h>
#include <stdlib.h>
#include <time.h>
#define N 100
void init(int a[])
{
    int i;
    srand((unsigned)time(NULL));        //以时间作为随机函数种子，以产生真正的随机数
    for(i=1;i<=N;i++)
        a[i]=rand();
}
void output(int a[])
{
    for(int i=1;i<=N;i++)
        printf("%8d",a[i]);
    printf("\n\n");
}
void sort(int a[])                      //排序
{
    int i,j,min;
    for(i=1;i<N;i++)
    {
        min=i;
        for(j=i+1;j<=N;j++)
            if(a[j]<a[min])
               min=j;
        a[0]=a[min];
        a[min]=a[i];
        a[i]=a[0];
    }
}
int dichotomysearch(int a[],int x)    //折半查找
{
    int high,low,middle;
    high=N;                             //确定查找的起始范围为1~N
    low=1;                              //确定中间一个元素的位置
    middle=(high+low)/2;
    while((x!=a[middle])&&(low<=high))
    {
        if(x<a[middle])
           high=middle-1;
        else
            low=middle+1;
        middle=(high+low)/2;
    }
```

```
    if(x==a[middle])                          // 找到了
       return middle;
    else                                      // 未找到
       return 0;
}
int main()
{
    int a[N+1],p,x;
    init(a);
    output(a);
    sort(a);
    output(a);
    printf("\n 请输入要查找的数（整数）：");
    scanf("%d",&x);
    p=dichotomysearch(a,x);
    if(p==0)
       printf("\n 没有找到这个数！！！ \n");
    else
       printf("\n 这个数是原有数中的第 %d 个！！！ \n",p);
    system("pause");
    return 0;
}
```

也可采用递归算法设计如下：

```
#include <stdio.h>
#include <stdlib.h>
#include <time.h>

#define N 100
void init(int a[])
{
    int i;
    srand((unsigned)time(NULL));      // 以时间作为随机函数种子，以产生真正的随机数
    for(i=1;i<=N;i++)
        a[i]=rand();
}
void output(int a[])
{
    for(int i=1;i<=N;i++)
        printf("%8d",a[i]);
    printf("\n\n");
}
void sort(int a[])
{
    int i,j,min;
    for(i=1;i<N;i++)
    {
        min=i;
```

```
        for(j=i+1;j<=N;j++)
            if(a[j]<a[min])
                min=j;
        a[0]=a[min];
        a[min]=a[i];
        a[i]=a[0];
    }
}
int dichotomysearch(int a[],int x,int low,int high)    //递归方式的二分检索
{
    if(low>high)
        return 0;
    else
    {
        int middle;
        middle=(high+low)/2;
        if(x==a[middle])
           return middle;
        else
        {
            if(x<a[middle])
               high=middle-1;
            else
               low=middle+1;
            return dichotomysearch(a,x,low,high);
        }
    }
}
int main()
{
    int a[N+1],p,x;
    init(a);
    output(a);
    sort(a);
    output(a);
    printf("\n请输入要查找的数(整数): ");
    scanf("%d",&x);
    p=dichotomysearch(a,x,1,N);
    if(p==0)
       printf("\n没有找到这个数!!! \n");
    else
       printf("\n这个数是原有数中的第 %d 个!!! \n",p);
    system("pause");
    return 0;
}
```

三、实验要求

(1) 按自己的思路重写所有程序。

(2) 总结两种不同检索方法的优缺点及特点。

实验 15 指针及链表操作

一、实验目的

(1) 掌握单链表的结构及基本操作。

(2) 掌握链式存储结构的特点。

二、实验内容

例如，要对某人某天所到之处进行跟踪，记录其按时间先后顺序所到过的地名、时间、相关事务等信息，试设计一个系统完成此任务。

此问题的关键是被跟踪对象所到之处可能多，也可能少，是不定的，而且有可能变化很大，采用空间的静态分配来解决存储问题时就不太好确定存储空间规模，因此应该采用动态分配方案。

动态分配又可分两种情况：一种情况是在任务中根据问题的规模一次性地分配所需空间，如开发一个针对班级的管理信息系统，虽然各个班级人数不一样，但一个特定班级的具体人数是确定的，可以一开始根据班级规模确定所需空间大小。

例如，要存放某个班所有人的年龄，可按如下方式处理空间的分配：

```
#include <stdio.h>
#include <stdlib.h>
int main()
{
    int n,*p;
    printf("请输入该班人数: ");
    scanf("%d",&n);
    p=(int *)malloc(n*sizeof(int));      //分配所需内存空间
    if(p==NULL)
       printf("\n空间分配不成功! \n");
    else
    {
       …
    }
}
```

这种方式是一次性分配，占用连续内存空间。

另一种情况是任务开始时无法预知最终需要多大的内存空间，只能一边运行一边分配，即所谓的多次动态分配，本例就属于这种情况。

此例从逻辑上来讲，是一种线性结构（前后所到之处之间的逻辑关系是一种 1：1 的关系），可采用线性链表来实现存储。

线性链表中的单链表有两种常见形式：带头结点的单链表和不带头结点的单链表，相对而言，带头结点的单链表更容易掌握，其一般形式如图 2-13 所示。

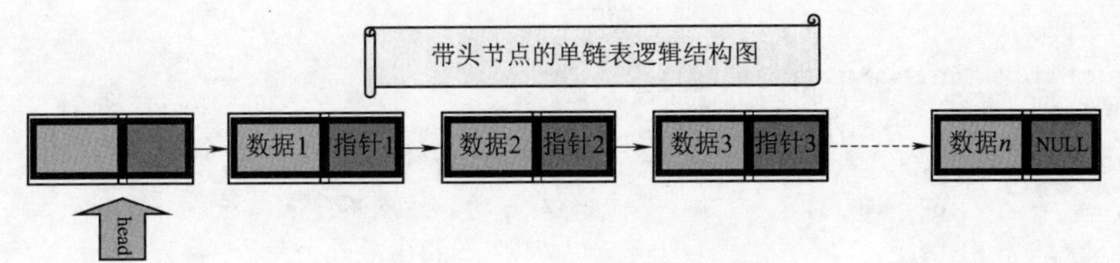

图 2-13　带头结点的链表

说明：

（1）每个结点由存放用户数据的数据域和存放后一个结点地址的指针域两部分构成。

（2）设置一个头指针指向第一个结点。

（3）因为每个结点所占存储空间可以连续，也可以不连续（不同于数组），为了找到各结点所对应的内存单元，就需要知道所有结点的地址，按常规办法需要定义大量指针变量（个数也不确定），一种可行的办法是链表中前一个结点的指针域保存后一个结点地址，通过前一个结点可以找到后一个结点。

（4）最后一个结点的指针域一般设置为空 NULL 表示链表的结束。

就此例来讲，可能涉及的情况有如下几种：

（1）添加：发现此人到了一个新地方，需要记录下来，添加到前一个地名的后面。

（2）按顺序输出：按跟踪的情况输出此人全天的活动范围。

（3）查询：查询此人是否到过某地方。

（4）删除：发现把某个本没有到过的地方给错误地添加进去了，需删除，即删除链表结点。

（5）插入：发现某个到过的地方没有记录进去，需插入到已记录下来的某个地名后面，即插入结点。

（6）修改：某个地名记录有误，需要重新更正，即更改链表结点内容。

（7）释放：此系统已完成任务，不用了，释放链表所占用的内存空间。

（8）保存：数据永久性存放。

（9）读取：将原来存放的数据读入内存继续操作。

参考程序：

```
#include <stdio.h>
#include <stdlib.h>
#include <string.h>
struct poi_info                              //定义结点所对应的结构体类型
{
    char name[31];                           //数据域，存放地名
    char dateTime[35];                       //数据域，存放日期时间
    char others[81];                         //数据域，存放发生的相关事务的记录
    struct poi_info *next;                   //指针域，存放后一结点地址
};                                           //要有“;”
//按顺序录入地名，创建单链表
void input(struct poi_info *head)
{
```

```
    int sfjx;
    struct poi_info *q,*p;
    //先找到末结点以便往其后继续添加
    q=head;                                //q 指向链表头结点
    while(q->next!=NULL)                   //q 所指结点不是末结点
        q=q->next;                         //即 q 指向后一个结点
    do
    {
        //给新结点分配空间
        p=(struct poi_info *)malloc(sizeof(struct poi_info));
        if(p==NULL)                        //分配不成功
           printf("\n 空间分配不成功，无法进行记录！ \n");
        else
        {
           printf("\n 请输入要记录的地名：");
           scanf("%s",p->name);            //读入地名并存入新结点数据域
           fflush(stdin);                    //清空输入缓冲区
           printf("\n 请输入日期时间：");
           scanf("%s",p->dateTime);        //读入日期时间并存入新结点数据域
           fflush(stdin);                    //清空输入缓冲区
           printf("\n 请输入相关事务：");
           scanf("%s",p->others);          //读入相关事务并存入新结点数据域
           fflush(stdin);                    //清空输入缓冲区
           q->next=p;                      //将新结点连到当前链表末尾
           q=p;//即让 q 指向新链表的末结点，以方便后续结点的添加
        }
        printf("\n 是否继续（0 -结束      其他-继续）：");
        scanf("%d",&sfjx);                 //输入用户选择，决定是否继续
    }while(sfjx!=0);                       //直到用户决定结束为止
    q->next=NULL;                          //将新链表末结点的指针域置为 NULL
}
//按从前往后顺序输出所有地名
void output(struct poi_info *head)
{
    struct poi_info *p;
    p=head->next;
    printf("\n 以下为输出结果：\n");
    while(p!=NULL)
    {
        printf("%-s\n%-s\n%-s\n------\n",p->name,p->dateTime,p->others);
        p=p->next;
    }
}
//查询，判断是否到过某地，若到过则判断是此人所到过的第几个地方
void search(struct poi_info *head)
{
    int sfjx,count;
    struct poi_info *p;
    char dcdm[31];
```

```
    do
    {
        p=head->next;              //p 指向链表第二个结点，即存放有效数据的第一个结点
        count=1;                   // 计数器赋初值为 1
        printf("\n 请输入要查询的地名: ");
        scanf("%s",dcdm);
        //p!=NULL 表示没有找完，strcmp(dcdm,p->name)!=0 表示没找到
        while((p!=NULL)&&(strcmp(dcdm,p->name)!=0))
        {
           p=p->next;              //p 指向后一个结点
           count++;                // 计数器增 1
        }
        if(p==NULL)                //p==NULL 表示没找到
           printf("\n 此人没有到过以下地方: %s\n",dcdm);
        else
        {
           printf("%-s\n%-s\n%-s\n------\n",p->name,p->dateTime,p->others);
           printf(" 是此人到过的第 %d 站。\n",count);
        }
        printf("\n 是否继续 (0 - 结束     其它 - 继续): ");
        scanf("%d",&sfjx);         // 输入用户选择，决定是否继续
    }while(sfjx!=0);
}
// 从链表中删除指定的某些地方
void del(struct poi_info *head)
{
    int sfjx=1;
    struct poi_info *p,*q;
    char dcdm[31];
    do
    {
        q=head;                    //q 指向头结点
        p=head->next;              //p 指向链表第二个结点
        printf("\n 请输入要删除的地名: ");
        scanf("%s",dcdm);
        while((p!=NULL)&&(strcmp(dcdm,p->name)!=0))
        {
            q=p;                   //q 指向后一个结点，可改为: q=q->next;
            p=p->next;             //p 指向后一个结点
        }
        if(p==NULL)
           printf("\n 此人没有到过以下地方: %s\n",dcdm);
        else
        {
           q->next=p->next;        // 将待删结点的前后两结点连起来
           free(p);                // 删除相应结点
           printf("\n 已成功删除! \n");
        }
        printf("\n 是否继续 (0 - 结束     其他 - 继续): ");
        scanf( "%d" ,&sfjx);
```

```
    }while(sfjx!=0);
}
//往某个地名前插入一个地名
void insert(struct poi_info *head)
{
    int sfjx=1;
    struct poi_info *p,*q,*x;
    char dcdm[31];
    do
    {
        q=head;                                        //q 指向头结点
        p=head->next;                                  //p 指向链表第二个结点
        printf("\n 请输入用于指示位置的地名: ");
        scanf("%s",dcdm);
        while((p!=NULL)&&(strcmp(dcdm,p->name)!=0))
        {
            q=p;
            p=p->next;
        }
        if(p==NULL)
            printf("\n 此人没有到过以下地方: %s, 无法确定插入位置! \n",dcdm);
        else
        {
            //给新节点分配空间
            x=(struct poi_info *)malloc(sizeof(struct poi_info));
            if(x==NULL)
                printf("\n 空间分配不成功, 无法进行记录! \n");
            else
            {
                printf("\n 请输入要记录的地名: ");
                scanf("%s",p->name);           //读入地名并存入新结点数据域
                fflush(stdin);                   //清空输入缓冲区
                printf("\n 请输入日期时间: ");
                scanf("%s",p->dateTime);       //读入日期时间并存入新结点数据域
                fflush(stdin);                   //清空输入缓冲区
                printf("\n 请输入相关事务: ");
                scanf("%s",p->others);         //读入相关事务并存入新结点数据域
                fflush(stdin);                   //清空输入缓冲区
                //以下两条语句用于将新节点插入至相应位置
                x->next=p;                     //新节点插到位置结点之前
                q->next=x;                     //新节点连到位置结点的前一结点之后
                printf("\n 已成功插入! \n");
            }
        }
        printf("\n 是否继续 (0 -结束    其他-继续): ");
        scanf("%d",&sfjx);
    }while(sfjx!=0);
}
//修改某一指定的地名
void modify(struct poi_info *head)
```

```
{
    int sfjx=1;
    struct poi_info *p;
    char dcdm[31];
    do
    {
        p=head->next;
        printf("\n 请输入要修改的地名: ");
        scanf("%s",dcdm);
        while((p!=NULL)&&(strcmp(dcdm,p->name)!=0))
            p=p->next;
        if(p==NULL)
            printf("\n 此人没有到过以下地方: %s\n",dcdm);
        else
        {
            printf("\n 原信息为: \n");
            printf("%-s\n%-s\n%-s\n------\n",p->name,p->dateTime,p->others);
            printf("\n 请重新输入相关信息: ");
            printf("\n 请输入要记录的地名: ");
            scanf("%s",p->name);          // 读入地名并存入新结点数据域
            fflush(stdin);                 // 清空输入缓冲区
            printf("\n 请输入日期时间: ");
            scanf("%s",p->dateTime);      // 读入日期时间并存入新结点数据域
            fflush(stdin);                 // 清空输入缓冲区
            printf("\n 请输入相关事务: ");
            scanf("%s",p->others);        // 读入相关事务并存入新节点数据域
            fflush(stdin);                 // 清空输入缓冲区
            printf("\n 已成功修改! \n");
        }
        printf("\n 是否继续(0 - 结束     其他 - 继续): ");
        scanf("%d",&sfjx);
    }while(sfjx!=0);
}
// 按顺序保存
void save(struct poi_info *head)
{
    struct poi_info *p;
    FILE *fp;
    fp=fopen("data.txt","w");
    if(fp==NULL)
        printf(" 文件无法打开，数据不能保存! \n");
    else
    {
        p=head->next;
        while(p!=NULL)
        {
            fprintf(fp,"%-s\n%-s\n%-s\n",p->name,p->dateTime,p->others);
            p=p->next;
```

```
            }
            fclose(fp);
            printf(" 已成功保存! \n");
        }
}
//按顺序读取，添加到已有链表的末尾
void read(struct poi_info *head)
{
    FILE *fp;
    char name[31];
    char dateTime[25];
    char others[81];
    struct poi_info *q,*p;
    fp=fopen("data.txt","r");
    if(fp==NULL)
        printf(" 文件无法打开，数据不能读取! \n");
    else
    {
        //以下代码找到当前链表的末结点
        q=head;
        while(q->next!=NULL)
            q=q->next;
        fscanf(fp,"%s%s%s",name,dateTime,others);
        while(!feof(fp))        //文件中还有未读数据
        {
            p=(struct poi_info *)malloc(sizeof(struct poi_info));
            if(p==NULL)
                printf("\n 空间分配不成功，无法进行记录! \n");
            else
            {
                strcpy(p->name,name);
                strcpy(p->dateTime,dateTime);
                strcpy(p->others,others);
                q->next=p;
                q=p;
            }
            fscanf(fp,"%s%s%s",name,dateTime,others);
        }
        fclose(fp);                //关闭文件
        printf(" 读取完成! \n");
    }
    q->next=NULL;                  //末结点指针域置为 NULL
}
//释放链表空间，使之成为一个空链表
void release(struct poi_info *head)
{
    struct poi_info *p,*q;
    //p 指向第二个结点，即待释放部分的首结点，从此结点开始逐个释放
    p=head->next;
```

```
    while(p!=NULL)
    {
        q=p->next;                      //q指向当前结点的后一个结点
        free(p);                        //释放当前结点
        p=q;                            //p重新指向链表待释放部分的首结点
    }
    //将链表首结点的指针域置为NULL，该结点此时也是末结点
    head->next=NULL;
    printf("\n空间已正常释放! \n");
}
int main()
{
    int xz=1;
    struct poi_info *head;
    //给头结点分配空间
    head=(struct poi_info *)malloc(sizeof(struct poi_info));
    if(head==NULL)
        printf("\n空间分配不成功! \n");
    else
    {
        head->next=NULL;                //将头结点指针域置为NULL，完成链表初始化
        while(xz!=0)
        {
            system("cls");              //清除屏幕
            printf("\n                        欢迎使用民用跟踪记录系统! \n\n\n");
            printf("1-添加 2-输出 3-查询 4-删除 5-修改 6-插入 7-保存 8-读取 9-清空
        0-退出\n");                     //显示文本形式菜单
            printf("\n请选择: ");
            scanf("%d",&xz);            //输入菜单选项
            switch(xz)                  //根据菜单选项的不同调用不同函数
            {
                case 1:input(head);break;
                case 2:output(head);break;
                case 3:search(head);break;
                case 4:del(head);break;
                case 5:modify(head);break;
                case 6:insert(head);break;
                case 7:save(head);break;
                case 8:read(head);break;
                case 9:release(head);break;
                case 0:
                    release(head);
                    free(head);  //释放头结点空间
                    printf("谢谢使用! \n");
                    break;
            }
            system("pause");
        }
```

```
    }
    return 0;
}
```

三、实验要求

总结单链表的特点及实现过程中的一些注意事项。

实验 16 大整数运算

一、实验目的

掌握大整数算术运算的一般实现方法。

二、实验内容

通常，在 32 位操作系统上，整型数的长度是 32 位，即 4 字节，对应的十进制数约为 10 位。对于一般的应用场合，这个长度的整数已经足够，但在某些领域如密码学中，经常需要用到长达 128 位（16 字节）甚至更长的整数，对于这种整数，内部数据类型是无法处理的，此即所谓的大整数。

例如：编写程序实现两个大的整数的四则运算及大小比较运算。

基本思路：用字符数组存放大整数的各个位，以字符串形式输入大整数，逐位而不是整体进行各类运算。

由于现实中数值都是高位在前低位在后，而 C 语言中将一个字符串输入到一个字符数组中时，下标为 0 的元素存放字符串的第一个字符，即以字符串形式将一个多位整数输入到一个字符数组中时，0 号元素存放的是实际的最高位。

为了方便算法的实现，我们将多位大整数输入到字符数组中后，先进行逆置，以保证个位存入 0 号元素，十位存入 1 号元素……而在输出时，为了跟现实习惯一致，先逆置后再输出。

参考程序（仅以非负整数为例）：

```
#include <stdio.h>
#include <stdlib.h>
#include <string.h>
#define N 100
//逆置，因为计算机中数据的高低位跟现实中的习惯刚好相反
void revert(char t[])
{
    int i,len;
    char temp;
    len=strlen(t);
    for(i=1;i<=len/2;i++)
    {
        temp=t[i-1];
        t[i-1]=t[len-i];
        t[len-i]=temp;
```

```
    }
}
//以字符串形式输入被操作数和操作数
void input(char a[],char b[])
{
    do
    {
        printf("\n请输入要进行运算的两个整数(单个数不要超%d位): \n",N);
        scanf("%s%s",a,b);
    }while((strlen(a)>N)||(strlen(b)>N));
}
//对两个数进行大小比较，a>b返回1，a<b返回-1，a=b返回0
char compare(char a[],char b[])
{
    int i,yn,jg;
    //现实中一个数值中高位的0对数值的大小无意义，取消
    for(i=strlen(a)-1;(i>0)&&(a[i]=='0');i--)
        a[i]='\0';
    for(i=strlen(b)-1;(i>0)&&(b[i]=='0');i--)
        b[i]='\0';
    if(strlen(a)>strlen(b))
        return 1;
    else
        if(strlen(a)<strlen(b))
            return -1;
        else
        {
            yn=1;
            jg=0;
            for(i=strlen(a)-1;((i>=0)&&(yn==1));i--)
                if(a[i]>b[i])
                {
                    jg=1;
                    yn=0;
                }
                else
                    if(a[i]<b[i])
                    {
                        jg=-1;
                        yn=0;
                    }
            return jg;
        }
}
//对两个数实现加法运算
char*add(char a[],char b[])
{
    char *p;
    unsigned int i,x,y,z,sum,len;
```

```
    //分配存放和的空间
    len=2+((strlen(a)>strlen(b))?strlen(a):strlen(b));
    p=(char *)malloc(len);
    //进行加法运算
    z=0;//最低位进位为 0
    for(i=0;i<((strlen(a)<strlen(b))?strlen(b):strlen(a));i++) //做加法计算
    {
        if((strlen(a)<strlen(b))&&(i>=strlen(a)))
        {
            x=0;
            y=b[i]-'0';                 //字符转换为对应数字
        }
        else
            if((strlen(a)>strlen(b))&&(i>=strlen(b)))
            {
                x=a[i]-'0';             //字符转换为对应数字
                y=0;
            }
            else
            {
                x=a[i]-'0';             //字符转换为对应数字
                y=b[i]-'0';
            }
        sum=x+y+z;
        z=sum/10;                       //计算出下一次的进位
        p[i]=sum%10+'0';                //计算出当前位的和，转为对应字符存放
    }
    p[i]=z+'0';
    p[i+1]='\0';
    //取消无用的 0
    while((i>0)&&(p[i]=='0'))
        p[i--]='\0';
    return(p);
}
//对两个数实现减法运算，调用时保证 a>=b
char*subtract(char a[],char b[])
{
    char *result;
    int la,lb,len,ai,bi,ti,s,c;

    //分配存放差的空间
    len=1+((strlen(a)>strlen(b))?strlen(a):strlen(b));
    result=(char *)malloc(len);
    la=strlen(a)-1;
    lb=strlen(b)-1;
    c=0;    //c 用表示相减时是否出现借位，0: 无借位    1: 有借位
    ai=bi=ti=0;
    while(ai<=la)                       //注意结束条件
    {
        if(bi>lb)
            s=a[ai++]-'0';
        else
```

```
            s=a[ai++]-b[bi++];
        result[ti++]=s-c+'0';
        if(result[ti-1]<'0')            //有借位
        {
            result[ti-1]+=10;           //当前位加10
            c=1;                        //向高位借1
        }
        else                            //无借位
            c=0;
    }
    result[ti]='\0';
    for(ti=la;(ti>0)&&(result[ti]=='0');ti--)
        result[ti]='\0';
    return(result);
}
//对两个数实现乘法运算
char*multiply(char a[],char b[])
{
    char *p;
    unsigned int i,j,x,y,r1,r2,r3;
    p=(char *)malloc(1+strlen(a)+strlen(b));
    //对存放乘积的空间进行初始化
    p[strlen(a)+strlen(b)]='\0';
    for(i=0;i<strlen(p);i++)
        p[i]='0';
    //进行乘法运算
    for(i=0;i<strlen(b);i++)            //乘的趟数与乘数的位数一致
    {
        y=b[i]-'0';
        for(j=0;j<strlen(a);j++)        //每一趟乘的次数与被乘数的位数一致
        {
            x=a[j]-'0';
            r1=x*y+(p[j+i]-'0');
            r2=r1%10;
            r3=r1/10;
            p[j+i]=r2+'0';
            p[j+i+1]=p[j+i+1]-'0'+r3+'0';
        }
    }
    //将前导0取消
    for(i=strlen(p)-1;(i>0)&&(p[i]=='0');i--)
        p[i]='\0';
    return(p);
}
//对两个数实现除法运算
char*divide(char a[],char b[])
{
    char *p;
    unsigned int i,len;
    len=1+((strlen(a)>strlen(b))?strlen(a):strlen(b));
    p=(char *)malloc(len);
```

```
    //对存放商的空间进行初始化
    strcpy(p,"0");
    //进行除法运算
    while(compare(a,b)>=0)
    {
        strcpy(p,add(p,"1"));
        strcpy(a,subtract(a,b));
    }
    //将前导0取消
    for(i=strlen(p)-1;(i>0)&&(p[i]=='0');i--)
        p[i]='\0';
    return(p);
}
int main()
{
    char a[N],b[N],c[2*N],xz=1,signal;
    do
    {
        printf("请选择要进行的运算: \n");
        printf("1 -加    2 -减    3 -乘    4 -除    5 -比较大小    0 -退出: ");
        scanf("%d",&xz);
        switch(xz)
        {
        case 0:
            printf("谢谢使用! \n");
            system("pause");
            break;
        case 1:         //加
            input(a,b);
            //逆置，以方便运算
            revert(a);
            revert(b);
            strcpy(c,add(a,b));
            //逆置，以便跟现实中的高低位顺序一致
            revert(c);
            printf("和: %s\n",c);
            break;
        case 2:         //减
            input(a,b);
            //逆置，以方便运算
            revert(a);
            revert(b);
            signal=compare(a,b);
            switch(signal)
            {
            case 1:
                strcpy(c,subtract(a,b));
                break;
            case -1:
                strcpy(c,subtract(b,a));
                break;
```

```
        case 0:
            strcpy(c,"0");
        }
        //逆置，以便跟现实中的高低位顺序一致
        revert(c);
        switch(signal)
        {
        case 1:
            printf("差: +%s\n",c);
            break;
        case -1:
            printf("差: -%s\n",c);
            break;
        case 0:
            printf("差: 0\n");
        }
        break;
    case 3:         //乘
        input(a,b);
        //逆置，以方便运算
        revert(a);
        revert(b);
        strcpy(c,multiply(a,b));
        //逆置，以便跟现实中的高低位顺序一致
        revert(c);
        printf("积: %s\n",c);
        break;
    case 4:         //除
        input(a,b);
        //逆置，以方便运算
        revert(a);
        revert(b);
        strcpy(c,divide(a,b));
        //逆置，以便与现实中的高低位顺序一致
        revert(a);
        revert(c);
        if(strlen(a)==0)
            printf("商: %s，余数: %s\n",c,"0");
        else
            printf("商: %s，余数: %s\n",c,a);
        break;
    case 5:        //比较
        input(a,b);
        //逆置，以方便运算
        revert(a);
        revert(b);
        //逆置，以便与现实中的高低位顺序一致
        signal=compare(a,b);
        revert(a);
        revert(b);
        switch(signal)
        {
```

```
            case 1:
                printf("%s>%s\n",a,b);
                break;
            case -1:
                printf("%s<%s\n",a,b);
                break;
            case 0:
                printf("%s=%s\n",a,b);
            }
            break;
        default:
            printf("选择错误! \n");
        }
    }while(xz!=0);
    return 0;
}
```

三、实验要求

（1）总结大整数运算中各单项运算实现的一般算法。

（2）讨论如何对此算法的时间及空间复杂度进行改进，即让算法节省时间和空间。

实验 17 背包问题

一、实验目的

掌握各类基本背包问题的算法设计思想及技巧。

二、实验内容

例如，有 n 件物品和一个容量（指容纳物品的总重量）为 v 的背包，第 i 件物品的重量是 w_i，价值是 p_i。每种物品仅有一件，只能选择放入或不放入背包。已知 n=12，v=120，物品的重量和价值如表 2-5 所示。

表 2-5 物品的重量和价值

物品	1	2	3	4	5	6	7	8	9	10	11	12
w_i	5	18	3	10	20	15	12	6	9	24	25	10
p_i	9	12	10	15	16	20	24	15	16	20	24	21

请问如何选择物品才能使放入背包的物品的价值最高？这个最高价值是多少？

分析：背包问题是一种组合优化的 NP 完全问题（NP 完全问题，是世界七大数学难题之一。NP 的英文全称是 Non-deterministic Polynomial，即多项式复杂程度的非确定性问题），问题可以描述为：给定一组物品，每种物品都有自己的重量和价格，在限定的总重量范围内，如何选择才能使得物品的总价格最高。问题的名称来源于如何选择最合适的物品放置于给定背包中。相似问题经常出现在商业、组合数学、计算复杂性理论、密码学和应用数学等领域中。它是在 1978 年由 Merkel 和 Hellman 提出的。

背包问题最基本的情况描述如下：

有 n 件物品和一个容量为 v 的背包，第 i 件物品的重量是 $w[i]$，价值是 $p[i]$。求解将哪些物品装入背包可使这些物品的重量总和不超过背包容量，且价值总和最大。

这是最基础的背包问题，特点是每种物品仅有一件，可以选择放或不放。

设 $f[i][v]$ 表示前 i 件物品放入一个容量为 v 的背包可以获得的最大价值，则有如下方程：

$f[i][v]=\max\{f[i-1][v-w[i]]+p[i], f[i-1][v]\}$

意义如下："将前 i 件物品放入容量为 v 的背包中"这个子问题，若只考虑第 i 件物品的策略（放或不放），就可以转化为一个只涉及前 i-1 件物品的问题。如果不放第 i 件物品，那么问题就转化为"前 i-1 件物品放入容量为 v 的背包中"，价值为 $f[i-1][v]$；如果放第 i 件物品，那么问题就转化为"前 i-1 件物品放入剩下的容量为 v-$w[i]$ 的背包中"，此时能获得的最大价值就是 $f[i-1][v-w[i]]$ 再加上通过放入第 i 件物品获得的价值 $p[i]$。

非递归算法参考程序：

```
#include <stdio.h>
#include <stdlib.h>
#define M 100                    //M 代表最多物品数取值
#define V 200                    //V 代表最大容量取值
int n=12,v=120;
int w[M+1]={0,5,18,3,10,20,15,12,6,9,24,25,10};       // 重量，0 号不存放有效数据
int p[M+1]={0,9,12,10,15,16,20,24,15,16,20,24,21};   // 价格，0 号不存放有效数据
int f[M+1][V+1];
int main()
{
    int i,j;
    printf(" 各物品重量及价格如下：");
    printf("\n 编号：");
    for(i=1;i<=n;i++)
        printf("%6d",i);
    printf("\n 重量：");
    for(i=1;i<=n;i++)
        printf("%6d",w[i]);
    printf("\n 价格：");
    for(i=1;i<=n;i++)
        printf("%6d",p[i]);
    printf("\n 背包容量：%d\n",v);
    for(i=0;i<=v;i++)
        f[0][i]=0;
    for(i=1;i<=n;i++)
        for(j=0;j<=v;j++)
        {
            f[i][j]=f[i-1][j];
            if(j>=w[i])     // 背包剩余空间可以放下物品 i
                if(f[i-1][j-w[i]]+p[i]>f[i][j])
                    f[i][j]=f[i-1][j-w[i]]+p[i];
        }
```

```
    printf("最大价值: %d\n",f[n][v]);
    printf("\n\n\n");
    system("pause");
    return 0;
}
```

上述程序中数组 f 为二维数组，空间开销较大。那么，如果只用数组 f[]，能不能保证第 i 次循环结束后 f[j] 中表示的就是我们定义的状态 f[i][j] 呢？

f[i][j] 是由 f[i-1][j] 和 f[i-1][j-w[i]] 两个子问题递推而来，能否保证在推 f[j] 时（即在第 i 次主循环中推导 f[j] 时）能够得到 f[j] 和 f[j-w[i]] 的值呢？事实上，这要求在每次主循环中我们以 j=v…0 的顺序推 f[j]，这样就能保证推导 f[j] 时 f[j-w[i]] 保存的是状态 f[i-1][j-w[i]] 的值。伪代码如下：

```
for i=1 to N
  for j=v to 0
      f[j]=max{f[j],f[j-w[i]]+p[i]};
```

其中的 f[j]=max{f[j],f[j-w[i]]+p[i]} 相当于 f[i][j]=max{f[i-1][j-w[i]]+p[i],f[i-1][j]}，因为现在的 f[j-w[i]] 就相当于原来的 f[i-1][j-w[i]]。

改进后的非递归算法参考程序：

```
#include <stdio.h>
#include <stdlib.h>
#define M 100//M代表最多物品数取值
#define V 200//V代表最大容量取值
int n=12,v=120;
int w[M+1]={0,5,18,3,10,20,15,12,6,9,24,25,10};       //重量
int p[M+1]={0,9,12,10,15,16,20,24,15,16,20,24,21};    //价格
int f[V+1];

int main()
{
    int i,j;
    printf("各物品重量及价格如下: ");
    printf("\n编号: ");
    for(i=1;i<=n;i++)
        printf("%6d",i);
    printf("\n重量: ");
    for(i=1;i<=n;i++)
        printf("%6d",w[i]);
    printf("\n价格: ");
    for(i=1;i<=n;i++)
        printf("%6d",p[i]);
    printf("\n背包容量: %d\n",v);
```

```
    for(i=0;i<=v;i++)
        f[i]=0;
    for(i=1;i<=n;i++)
        for(j=v;j>=0;j--)
        {
            if(j>=w[i])                        //背包剩余空间可以放下物品 i
                if(f[j-w[i]]+p[i]>f[j])
                    f[j]=f[j-w[i]]+p[i];
        }
    printf("最大价值: %d\n",f[v]);
    printf("\n\n\n");
    system("pause");
    return 0;
}
```

此问题也可以用递归算法加以实现。

```
//递归算法参考程序
#include <stdio.h>
#include <stdlib.h>
#define M 200//M代表最多物品数
int n=12,v=120;
int w[M+1]={0,5,18,3,10,20,15,12,6,9,24,25,10};        //重量
int p[M+1]={0,9,12,10,15,16,20,24,15,16,20,24,21};     //价格
//处理到第 i 件物品，v 表示剩余的空间，初始时 i 对应总个数，v 对应背包总容量
int select(int i,int v)
{
    int r1,r2;
    if(i==0)
        return 0;
    else
        if(v>=w[i])//背包剩余空间可以放下物品 i
        {
            r1=select(i-1,v-w[i])+p[i];    //第 i 件物品放入所能得到的最大价值
            r2=select(i-1,v);              //第 i 件物品不放所能得到的最大价值
            if(r1>=r2)
                return r1;
            else
                return r2;
        }
        else                               //背包剩余空间放不下物品 i
            return select(i-1,v);          //第 i 件物品不放所能得到的价值
}
int main()
{
    int i;
    printf("各物品重量及价格如下: ");
    printf("\n编号: ");
    for(i=1;i<=n;i++)
        printf("%6d",i);
    printf("\n重量: ");
    for(i=1;i<=n;i++)
```

```
        printf("%6d",w[i]);
    printf("\n 价格: ");
    for(i=1;i<=n;i++)
        printf("%6d",p[i]);
    printf("\n 背包容量: %d\n",v);
    printf(" 最大价值: %d\n",select(n,v));
    printf("\n\n\n");
    system("pause");
    return 0;
}
```

三、实验要求

(1) 总结简单背包问题的几种实现算法。

(2) 讨论如何对此算法的时间及空间复杂度进行改进。

此部分整合了软件工程课程相关内容，学习用计算机语言开发具有完整功能软件的一般流程。

实验 18 小系统开发

一、实验目的

（1）掌握一个完整系统开发的基本过程。

（2）掌握完整系统开发过程中的注意事项。

二、实验内容

设计本系统的主要目的是了解一个完整系统开发的一般过程及各类资源的组织方式，所以我们选择以一个“班级基本信息管理系统”为例进行讲解，班级内部基本信息情况大家比较熟悉。

按照软件工程原理，将软件的生命周期大体划分为以下 8 个阶段：

1. 问题的定义

须确定“要解决的问题是什么”。

通过对客户的访问调查，系统分析员扼要写出关于问题性质、工程目标和工程规模的书面报告，经过讨论和必要的修改之后这份报告应该得到客户的确认。

开发一个针对本班的“班级基本信息管理系统”，以实现对本班成员基本信息的自动化管理。

2. 可行性研究

用来确定上一阶段中的问题是否有行得通的解决办法，包括技术、经济等各方面的可行性。

班级基本信息大家比较熟悉，又有一定的编程基础，有充足的上机实践时间，完全有能力开发这样的一个小系统。

另外，在性能、功能要求不高的情况下，此系统的开发也不需要太大的成本。

3. 需求分析

确定目标系统必须具备哪些功能及性能要求。

系统分析员在此阶段须和用户密切配合，充分交流信息，以得出用户确认的系统逻辑模型。通常用数据流图、数据字典和简要的算法表示系统的逻辑模型。

这个阶段需要准确完整地体现用户要求，用正式文档准确记录对目标系统的需求，这份文档通常称为规格说明书。

本例要求如下：

（1）基本信息包括如下内容:学号（14 位）、姓名（最多三个汉字）、性别（一个汉字）、年龄（3 位），其他信息可根据情况自定。

（2）班级总人数。

（3）功能要求：录入功能、按学号查找（速度不能太慢）、按学号修改人员信息、按学号删除人员信息、将全部人员信息按学号顺序列表输出、启动时的用户合法性检测功能、永久性存盘功能、读取信息功能。

（4）性能要求:查找速度不能太慢（5 s 以内）。

4. 系统设计（概要设计）

设计出实现目标系统的几种可能的方案，从中选择一种最佳方案。设计系统的总体结构，即确定程序由哪些模块组成，确定模块间的关系及总体数据结构。

按系统的逻辑功能，可以将本系统大体划分为如图 3-1 所示的几大功能模块。

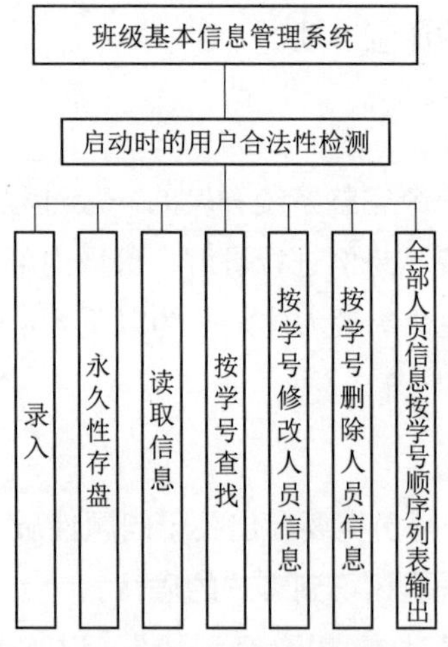

图 3-1　系统功能模块

首先，每个人员的基本信息可以用结构体来表示，而所有成员的信息在内存中可以用一个一维数组来存放，用一个变量 CurrentCount 来表示目前数组中具有有效信息的人员数，初值为 0，如下：

```
#define N 100                    //最大人数

struct stu_info
{
    char xh[15];                 //学号
    char xm[7];                  //姓名
```

```
    char xb[3];                          // 性别
    int nl;                              // 年龄
};
struct stu_info stu[N+1];                // 用于存放所有人相关信息，0 号元素备用
int CurrentCount=0;                      // 当前实际人数
```

上述部分即为本系统的数据结构。

5. 详细设计

主要指对各个模块具体算法及数据结构的设计。

针对本系统的各个模块的算法描述如下：

（1）录入功能模块，算法描述如图 3-2 所示。

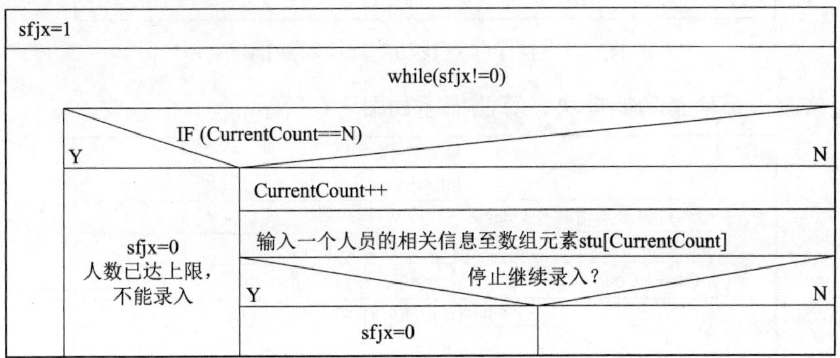

图 3-2　录入功能模块算法描述

（2）永久性存盘功能模块，算法描述如图 3-3 所示。

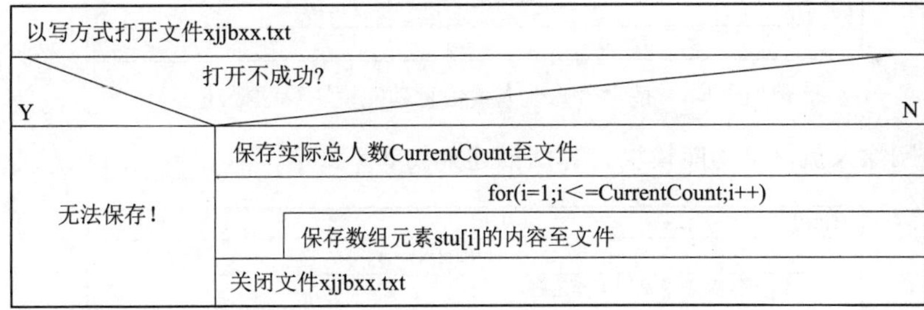

图 3-3　永久性存盘功能模块算法描述

（3）读取信息功能模块，算法描述如图 3-4 所示。

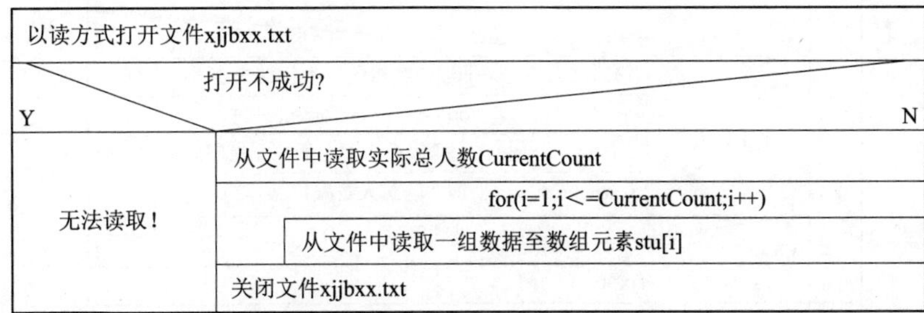

图 3-4　读取信息功能模块算法描述

（4）按学号查找功能模块，算法描述如图 3-5 所示。

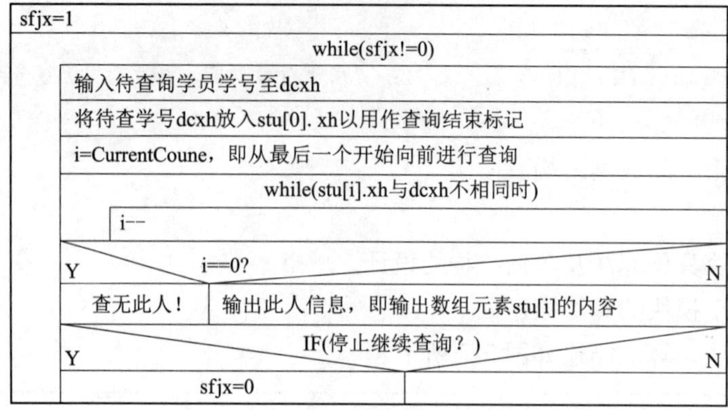

图 3-5　按学号查找功能模块算法描述

（5）按学号修改人员信息功能模块，算法描述如图 3-6 所示。

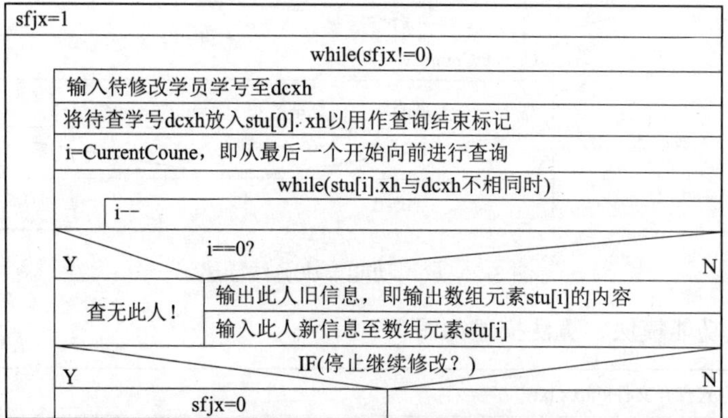

图 3-6　按学号修改人员信息功能模块算法描述

（6）按学号删除人员信息功能模块，算法描述如图 3-7 所示。

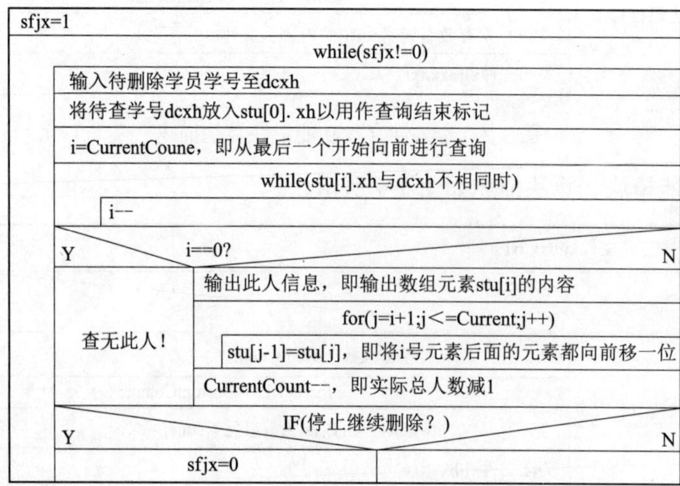

图 3-7　按学号删除人员信息功能模块算法描述

（7）全部人员信息按学号顺序列表输出功能模块，如图 3-8 所示。

对数组元素stu[1...CurrenCount]排序
按顺序输出数组元素stu[1...CurrenCount]的内容

图 3-8　全部人员信息按学号顺序列表输出功能模块算法描述

（8）启动时的用户合法性检测功能模块，算法描述如图 3-9 所示。

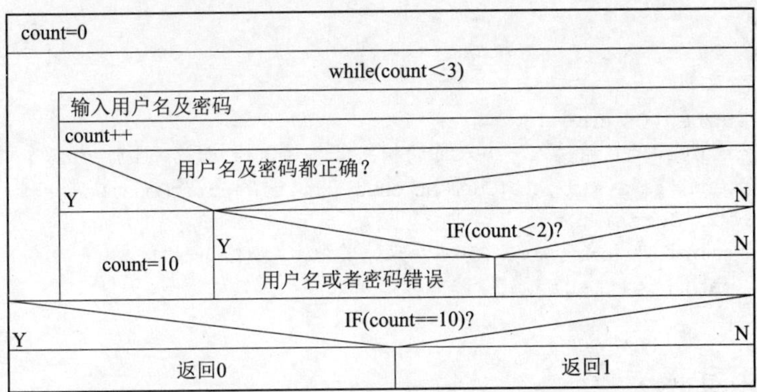

图 3-9　启动时间的用户合法性检测功能模块算法描述

（9）主控模块，算法描述如图 3-10 所示。

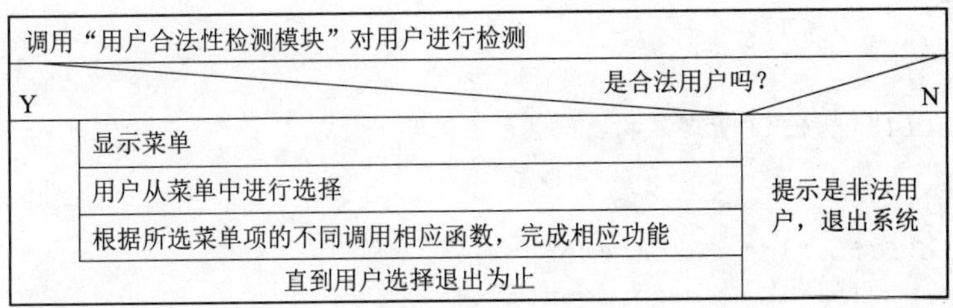

图 3-10　主控模块算法描述

6. 编码

选择具体的计算机语言编写程序。

```
#include <stdio.h>
#include <stdlib.h>
#include <string.h>
#define N 100                    //最大人数
struct stu_info
{
    char xh[15];                 //学号，目前学号为 14 位
    char xm[7];                  //姓名
    char xb[3];                  //性别
    int nl;                      //年龄
};
struct stu_info stu[N+1];        //用于存放所有人相关信息，0 号元素备用
int CurrentCount=0;              //当前实际人数
void input()                     //录入模块
```

```
{
    char sfjx=1;
    while(sfjx!=0)
    {
        if(CurrentCount==N)
        {
            printf("\n人数已达上限，不能添加！！！\n");
            sfjx=0;
        }
        else
        {
            CurrentCount++;
            printf("\n请输入一个人员的相关信息（学号 姓名 性别 年龄）: ");
            scanf("%s%s%s%d",stu[CurrentCount].xh,stu[CurrentCount].xm,stu[CurrentCount].
        xb,&stu[CurrentCount].nl);
            printf("\n是否继续(0--结束，其他--继续): ");
            scanf("%d",&sfjx);
        }
    }
    system("pause");
}
void save()                          //保存模块
{
    FILE *fp;
    fp=fopen("xjjbxx.txt","w");
    if(fp==NULL)
        printf("\n文件打开不成功，信息无法保存!!!\n");
    else
    {
        fprintf(fp,"%d",CurrentCount);
        for(int i=1;i<=CurrentCount;i++)
            fprintf(fp,"\n%16s%8s%4s%4d",stu[i].xh,stu[i].xm,stu[i].xb,stu[i].nl);
        fclose(fp);
        printf("\n信息已成功保存!!!\n");
    }
    system("pause");
}
void read()                          //读盘模块
{
    FILE *fp;
    fp=fopen("xjjbxx.txt","r");
    if(fp==NULL)
        printf("\n文件打开不成功，信息无法读取!!!\n");
    else
    {
        fscanf(fp,"%d",&CurrentCount);
        for(int i=1;i<=CurrentCount;i++)
        {
            fscanf(fp,"%s%s%s%d",stu[i].xh,stu[i].xm,stu[i].xb,&stu[i].nl);
            printf("学号:%s 姓名:%s 性别:%s 年龄:%d\n",stu[i].xh,stu[i].xm,stu[i].xb,stu[i].nl);
```

```
        }
        fclose(fp);
        printf("\n 信息已成功读取 !!!\n");
    }
    system("pause");
}
void search()                          // 查询模块
{
    char dcxh[15];
    int sfjx=1,i;
    while(sfjx!=0)
    {
        printf("\n 请输入一个待查学员的学号: ");
        scanf("%s",dcxh);
        strcpy(stu[0].xh,dcxh);
        i=CurrentCount;
        while(strcmp(stu[i].xh,dcxh)!=0)
            i--;
        if(i==0)
            printf(" 查无此人! ! ! \n");
        else
        {
            printf("\n 此人详细信息如下: \n");
            printf(" 学号: %s 姓名: %s 性别: %s 年龄: %d\n",stu[i].xh,stu[i].xm,stu[i].xb,stu[i].nl);
        }
        printf("\n 是否继续 (0-- 结束, 其他 -- 继续 ): ");
        scanf("%d",&sfjx);
    }
    system("pause");
}
void del()                             // 删除模块
{
    char dcxh[15];
    int sfjx=1,i,j;
    while(sfjx!=0)
    {
        printf("\n 请输入一个待删学员的学号: ");
        scanf("%s",dcxh);
        strcpy(stu[0].xh,dcxh);
        i=CurrentCount;
        while(strcmp(stu[i].xh,dcxh)!=0)
            i--;
        if(i==0)
            printf("查无此人! ! ! \n");
        else
        {
            printf("\n 此人详细信息如下: \n");
            printf("学号:%s 姓名: %s 性别: %s 年龄: %d\n",stu[i].xh,stu[i].xm,stu[i].xb,stu[i].nl);
            printf("\n 按任意键开始删除 ......\n");
            system("pause");
```

```
                for(j=i+1;j<=CurrentCount;j++)
                    stu[j-1]=stu[j];
                CurrentCount--;
                printf("\n 已成功删除 ......\n");
                system("pause");
            }
            printf("\n 是否继续 (0-- 结束, 其他 -- 继续 ): ");
            scanf("%d",&sfjx);
        }
        system("pause");
}
void modify()                           // 修改模块
{
        char dcxh[15];
        int sfjx=1,i;
        while(sfjx!=0)
        {
            printf("\n 请输入一个待修改学员的学号: ");
            scanf("%s",dcxh);
            strcpy(stu[0].xh,dcxh);
            i=CurrentCount;
            while(strcmp(stu[i].xh,dcxh)!=0)
                i--;
            if(i==0)
                printf(" 查无此人! ! ! \n");
            else
            {
                printf("\n 此人详细信息如下: \n");
                printf("学号: %s 姓名: %s 性别: %s 年龄: %d\n",stu[i].xh,stu[i].xm,stu[i].xb,stu[i].nl);
                printf("\n 请输入新内容 ......\n");
                printf("\n 请输入一个人员的相关信息 ( 学号  姓名  性别  年龄 ): ");
                scanf("%s%s%s%d",stu[i].xh,stu[i].xm,stu[i].xb,&stu[i].nl);
                printf("\n 已成功修改 ......\n");
                system("pause");
            }
            printf("\n 是否继续 (0-- 结束, 其他 -- 继续 ): ");
            scanf("%d",&sfjx);
        }
        system("pause");
}
void list()                             // 按学号列表模块
{
        int i,j;
        for(i=1;i<CurrentCount;i++)
            for(j=CurrentCount;j>i;j--)
                if(strcmp(stu[j].xh,stu[j-1].xh)<0)
                {
                    stu[0]=stu[j];
                    stu[j]=stu[j-1];
                    stu[j-1]=stu[0];
```

```
        }
    printf("\n          班级基本信息表 \n");
    printf("  序号     学号     姓名     性别      年龄 \n");
    for(i=1;i<=CurrentCount;i++)
        printf("%4d  %s%16s%6s%6d\n",i,stu[i].xh,stu[i].xm,stu[i].xb,stu[i].nl);
    system("pause");
}
int check() //启动时的用户合法性检测功能模块，合法返回 0，否则超过 3 次返回 1
{
    int count=0,name,pass;
    while(count<3)
    {
        printf("\n 请输入用户名及密码: ");
        scanf("%d%d",&name,&pass);
        count++;
        if((name==1)&&(pass==1)) //假定用户名及密码都为 1
            count=10;
        else
            if(count<2)
                printf("\n 输入用户名或者密码错误，请重输！ \n");
    }
    if(count==10)
        return 0;
    else
        return 1;
}
int main()
{
    int xz=1;
    printf("\n          欢迎使用班级基本信息管理系统 \n\n\n");
    if(check()!=0)
    {
        printf("\n 你无权使用本系统 ......\n\n");
        system("pause");
    }
    else
    {
        while(xz!=0)
        {
            printf("\n 请选择相应功能: \n");
            printf("1- 录入 \n2- 查询 \n3- 修改 \n4- 删除 \n5- 保存 \n6- 读取 \n7- 按学号列表 \n0- 结
            束 \n 请输入选择: ");
            scanf("%d",&xz);
            switch(xz)
            {
               case 1:
                   input();break;
               case 2:
                   search();break;
               case 3:
```

```
                    modify();break;
                case 4:
                    del();break;
                case 5:
                    save();break;
                case 6:
                    read();break;
                case 7:
                    list();break;
                case 0:
                    printf("\n\n谢谢使用本系统！ \n\n");
                    system("pause");
                    break;
                default:
                    printf("\n无此功能，请重新选择......\n");
                    system("pause");
            }
        }
    }
    return 0;
}
```

7. 测试

测试是将系统交付用户前所需要进行的最后一次全面检查。目的是尽可能多地找出错误及缺点，但通过测试无法保证系统没有错误（因为现实中的测试不可能把所有可能性都一一列举检测）。

测试主要包括集成测试及验收测试。

8. 运行及维护

系统交付用户后，在使用过程中还要进行维护，主要有以下几种情况：

（1）纠错性维护：纠正新发现的错误。

（2）适应性维护：为适应新的环境需求而进行的维护。

（3）完善性维护：继续完善功能。

（4）预防性维护：预先完善将来要用到的功能及性能。

三、实验要求

（1）总结系统开发的一般过程及各阶段需要完成的任务。

（2）对上述系统结合实际情况适当进行完善。

常见各类典型算法

此部分参考了全国计算机等级考试、研究生入学考试中有关程序设计方面的一些习题，通过这部分的练习，可使读者熟练掌握用C语言设计各类程序的一般方法，同时用计算机技术去编程解决一些非计算机专业的典型问题，以便学以致用。

实验19 字符串处理类程序设计算法

一、实验目的

掌握常见字符串类程序设计的技巧

二、实验内容

(1) 试编写程序，对输入的一个英文句子，统计出其中全部由单个字母组成的单词的个数，句子以圆点“.”结束。例如，当输入 there are a boy and a girl. 时，输出为2。

分析：“单个字母组成的单词”即当前字符为字母，而其前面及后面字符都不为字母的单词。

参考程序：

```
#include <stdio.h>
#include <ctype.h>
#define N 80                          //N为句子最大长度
int main(void)
{
    char str[N+1];
    int i,count=0,sfzm;
    printf("请输入一个英文句子：\n");
    gets(str);
    printf("\n原始英文句子如下：\n");
    puts(str);
    sfzm=0;                          //用于表示前一个字符是否为字母，0-非字母，1-字母
    for(i=0;str[i]!='.';i++)
```

```
    {
        if(isalpha(str[i]))                     // 当前字符为字母
            if(!isalpha(str[i+1]))              // 下一个字符不为字母
                if(sfzm==0)                     // 前一个字符为字母
                    count++;                    // 个数增 1
        // 根据当前字符状态重新设置 sfzm 的标志以便为下次统计做准备
        if(isalpha(str[i]))
            sfzm=1;
        else
            sfzm=0;
    }
    printf("原句子中共有 %d 个单字母! \n",count);
}
```

(2) 输入一行文字（英文），统计其中的单词个数。

分析：找出所有“字母向非字母的转换”组合个数，即为单词个数。

参考程序：

```
#include <stdio.h>
#include <string.h>
#define N 80
int main()
{
    int i,count=0,p=1;                          //p 用于表示某字符的前一个字符是否为字母
    char s[N+1];
    printf("请输一行文字: \n");
    gets(s);
    printf("\n 按原序输出: \n");
    puts(s);
    for(i=0;i<strlen(s);i++)
        if((s[i]>='a'&& s[i]<='z') || (s[i]>='A'&& s[i]<='Z'))
        {
            if(p==1)                            // 前面是非字母
            {
                count++;
                p=0;
            }
        }
        else
            p=1;
    printf("\n 共有 %d 个单词! \n",count);
}
```

(3) 设计程序将一段文字中的单词位置逆置。

分析：先将各单词逆置，再将整个字符串逆置。

参考程序：

```
#include <stdio.h>
#include <string.h>
```

```
#include <ctype.h>
#define N 8
//以下函数用于将字符串 str 中下标区间为 [begin，end] 范围内的字符串逆置
void revert(int begin,int end,char str[])
{
    int i,times;
    char temp;
    times=(end+1-begin)/2;
    for(i=1;i<=times;i++)
    {
        temp=str[begin];                                  //交换对应位置上的字符
        str[begin]=str[end];
        str[end]=temp;
        begin++;                                          //调整下标
        end--;
    }
}
int main()
{
    char str[N+1];
    unsigned i,begin,end;
    //以下代码用于输入不超过规定长度的字符串
    i=0;
    printf("请输入原字符串：");
    do
    {
        str[i++]=getchar();
    }while(i<N && str[i-1]!='\n');
    if(i<N)
        str[i-1]='\0';
    else
        str[i]='\0';
    //以下循环用于将各单词分别逆置
    for(i=0;str[i]!='\0';)
    {
        while((str[i]!='\0') && (!isalpha(str[i])))   //找出单词起始位置
            i++;
        begin=i;
        while((str[i]!='\0') && (isalpha(str[i])))    //找出单词终止位置
            i++;
        end=i-1;
        revert(begin,end,str);                          //逆置单词
        if(str[i]!='\0')
            i++;
    }
    revert(0,strlen(str)-1,str);                       //逆置整个字符串
    printf("%s\n",str);
    printf("%s\n",str);
}
```

（4）输入一个字符串，统计长度不超过 2 的子串在该字符串中出现的次数。例如，输入字符串为 asd asasdfg asd as zx67 mklo，子串为 as，程序返回值为 5。编写程序实现此功能。

分析：实质为字符串匹配问题。

参考程序：

```
#include <stdio.h>
#include <string.h>
#define N 80
int main()
{
    char str[N+1],substr[N+1];
    unsigned i,j,k,count=0;
    printf("请输入原字符串：");
    scanf("%s",str);
    printf("请输入子字符串（长度不超过 2）：");
    scanf("%s",substr);
    for(i=0;str[i]!='\0';i++)
    {
        j=0;
        k=i;
        while(j<strlen(substr) && str[k]==substr[j])
        {
            j++;
            k++;
        }
        if(j==strlen(substr))
            count++;
    }
    printf("共出现%d次！\n",count);
}
```

（5）请编写程序，从键盘接收一个字符串，然后按照字符顺序从小到大进行排序，并删除重复的字符。

分析：排序后相同字符自然连在一起，将相同字符只留一个即可。

参考程序：

```
#define N 80
#include <stdio.h>
#include <stdlib.h>
#include <string.h>
int main()
{
    char str[N+1],i,j,ch;
    printf("请输入一个字符串，按回车键结束（长度不超过%d）：\n",N);
    scanf("%80s",str);
    printf("原字符串为：\n");
    puts(str);
    for(i=1;i<strlen(str);i++)      //排序
        for(j=0;j<strlen(str)-i;j++)
            if(str[j]>str[j+1])
```

```
            {
                ch=str[j+1];
                str[j+1]=str[j];
                str[j]=ch;
            }
    //删除重复字符
    ch='\0';
    i=j=0;
    while(str[j]!='\0')
    {
        if(str[j]!=ch)
        {
            str[i]=str[j];
            ch=str[i++];
        }
        j++;
    }
    str[i]='\0';        //给新串末尾置结束标志
    printf("新字符串为: \n");
    puts(str);
}
```

(6)编写一函数,实现如下功能:统计一个子串在字符串中出现的次数,如果不出现,则次数为零。

分析:实质为字符串匹配问题。

参考程序:

```
#include <stdio.h>
#include <string.h>
#define N 80
int main()
{
    char str[N+1],substr[N+1];
    unsigned i,j,k,count=0;
    printf("请输入原字符串:");
    scanf("%s",str);
    printf("请输入子字符串:");
    scanf("%s",substr);
    for(i=0;str[i]!='\0';i++)
    {
        j=0;
        k=i;
        while(j<strlen(substr) && str[k]==substr[j])
        {
            j++;
            k++;
        }
        if(j==strlen(substr))
            count++;
    }
    printf("共出现%d次! \n",count);
}
```

（7）编写求两个字符串中最大公共子字符串的函数，例如 "abcdefg" 和 "dbcdede" 的最大子串为 "bcde"。

分析：在第一个字符串中从两边向中间逐个截取子串，每获取一个子串，再判断其是否是另一个的子串，若是，则第一次找到的即为最大公共子串。

参考程序：

```
#include "stdio.h"
#include "stdlib.h"
#include "string.h"
#define N 80
//判断 substr 是否为 str 的子字符串，是：1，否：0
int judge(char *str,char *substr)
{
    unsigned char i,j,k,yn=0;
    for(i=0;str[i]!='\0' && yn==0;i++)
    {
        j=0;
        k=i;
        while(j<strlen(substr) && str[k]==substr[j])
        {
            j++;
            k++;
        }
        if(j==strlen(substr))
            yn=1;
    }
    return yn;
}
//找最大子串
void findmaxsub(char *stra,char *strb,char *maxsub)
{
    char strc[N+1];
    char i,j,k,m,lenmax,lena,lenb;
    lena=strlen(stra);
    lenb=strlen(strb);
    lenmax=0;
    for(i=0;i<lena;i++)                //i 为所截取子串的左起下标，从 0 开始
        for(j=lena-1;j>=i;j--)         //j 为所截取子串的右起下标，从长度 -1 开始
        {
            k=0;
            for(m=i;m<=j;m++)
                strc[k++]=stra[m];
            strc[k]='\0';
            if(judge(strb,strc))
                if(strlen(strc)>lenmax)
                {
                    strcpy(maxsub,strc);
                    lenmax=strlen(maxsub);
                }
```

```
        }
}
int main()
{
    char stra[N+1]="abcdefg",strb[N+1]="dbcdede",maxsub[N+1]="";
    printf("请输入第一个字符串：\n");
    gets(stra);
    printf("请输入第二个字符串：\n");
    gets(strb);
    printf("第一个字符串：\n");
    puts(stra);
    printf("第二个字符串：\n");
    puts(strb);
    printf("最大子串：\n");
    findmaxsub(stra,strb,maxsub);
    puts(maxsub);
}
```

（8）输入一行文字（英文），找出里面最长的单词。

分析：实质为找极值（最大或最小值）问题，只不过这里的极值为最长的单词。

参考程序：

```
#include <stdio.h>
#include <string.h>
#include <ctype.h>
#define N 80
int main()
{
    int i,j,count=0,p=1;
    char str[N+1],substr[N+1],maxstr[N+1]="";
    printf("请输一行文字：\n");
    gets(str);
    printf("\n原文为：\n");
    puts(str);
    i=0;
    while(i<strlen(str))
    {
        //找到第一个字母
        while(i<strlen(str) && isalpha(str[i])==0)
            i++;
        j=0;
        while((i<strlen(str)) && (isalpha(str[i])!=0))
            substr[j++]=str[i++];
        substr[j]='\0';
        if(j>strlen(maxstr))
            strcpy(maxstr,substr);
    }
    printf("\n最长单词为：%s\n",maxstr);
}
```

(9) 统计一篇英文小说中 26 个英文字母出现的频率。

分析：定义一个包含 26 个元素的数组用于存放 26 个字母的个数，下标为 0 ~ 25 的元素分别用于存放字母 a（大写及小写）~ z（大写及小写）的个数。

参考程序：

```
#include <stdio.h>
int main()
{
    FILE *fp;
    char ch;
    //设置一个包含26个字母的数组用于存放各字母所出现的次数
    int count[26],i,total;
    for(i=0;i<26;i++)
        count[i]=0;
    fp=fopen("Cpp1.cpp","r");
    if(fp==NULL)
        printf("无法打开文件! \n");
    else
    {
        //统计各字母个数
        ch=fgetc(fp);
        while(!feof(fp))
        {
            if((ch>='A')&&(ch<='Z'))        //大写字母
                count[ch-'A']++;
            else
                if((ch>='a')&&(ch<='z'))    //小写字母
                    count[ch-'a']++;
            ch=fgetc(fp);
        };
        fclose(fp);
        total=0;
        //计算字母总数
        for(i=0;i<26;i++)
            total+=count[i];
        printf("各类字母共出现%d次，频率如下: \n",total);
        //输出各字母出现频率
        for(i=0;i<26;i++)
            printf("%c(%c):%8.4f%%\n",'A'+i,'a'+i,count[i]*1.0/total*100);
    }
}
```

(10) 设输入的字符串中只有字母及“*”号，要求程序删除所有的“*”号，并不得使用系统提供的现有函数。

分析：设一个变量 j 指向字符数组 0 号元素，然后将原串中的第一个至最后一个字符逐个进行判断，若为字母则放至 j 所指位置并使 j 增 1，不为字母（即为“*”）则忽略不计。

参考程序：

```
#include <stdio.h>
void  fun( char *a )
{
```

```
    int i,j=0;
    for(i=0;a[i]!='\0';i++)
            if(a[i]!='*')
            a[j++]=a[i];    //若不是要删除的字符'*'则留下
    a[j]='\0';
}

int main()
{
    char  s[81]="abcdefg***ABCDEF**gH*iJK88888XYz";
    printf("Before deleted:\n");
    puts(s);
    fun(s);
    printf("After deleted:\n");
    puts(s);
}
```

三、实验要求

总结常见字符串类程序的一般设计方法。

实验 20 算法应用类程序设计算法

一、实验目的

掌握各类常见算法的综合应用技巧

二、实验内容

(1) 张教授最近正在研究一个项目，其间涉及十进制与十六进制之间的转换，然而，手工将大量的十进制数转换成十六进制数是十分困难的。请编写程序，将给定的非负十进制数转化成相应的十六进制数并输出（用 A、B、C、D、E、F 分别表示十六进制的 10、11、12、13、14、15）。

分析：仅以整数为例，按“除基取余法”进行转换即可，用一个数组存放转换得到的各个位。

参考程序：

```
#include <stdio.h>
int main(void)
{
    int data10,beichushu,yushu,shang;
    char data16[10],p=0;                //数组data16用于存放十六进制各位上的数
    do
    {
        printf("请输入一个非负十进制数: ");
        scanf("%d",&data10);
    }while(data10<0);
    beichushu=data10;                   //将初始值作为被除数
```

```
    //以下循环用于完成转换
    do
    {
        shang=beichushu/16;                     //求商
        yushu=beichushu%16;                     //求余数
        if(yushu<10)                            //小于 10 则转换得到对应数字字符
            data16[p++]=yushu+'0';
        else                                    //大于等于 10 则转换得到对应字母
            data16[p++]=yushu-10+'A';
        beichushu=shang;                        //将商作为下次的被除数继续除
    }while(shang!=0);
    printf("十进制数 %d 所对应的十六进制数为:",data10);
    for(p--;p>=0;p--)
        printf("%c",data16[p]);
    printf("\n");
    return 0;
}
```

（2）试编程从 N 位数字串中删去 M 个数使剩下的数字串所表示的数值最小。

分析：这里的“逆序对”指相邻两个数字前一个大于后一个。从左往右扫描逆序对，找到一个则删除较大者，直到删够位数或无逆序对为止。如果通过逆序对无法删除足够位数，则删除尾部相应位数即可。

参考程序：

```
#include <stdio.h>
#include <string.h>
#define N 80
int main()
{
    char str[N+1];
    int i,j,n,m,yn;             //yn 用于判断数字串是否有逆序对，1 -有，0 -无
    printf("请输入原始数字串: ");
    scanf("%s",str);
    printf("原始数字串为: %s\n",str);
    n=strlen(str);
    do
    {
        printf("请输入要删除的数的位数（0-%d）: ",n);
        scanf("%d",&m);
    }while((m<0)||(m>n));
    yn=1;
    while((m>0)&&(yn))          //有逆序对时删除较大者，直到无逆序对或删除够了数字为止
    {
        yn=0;
        for(i=0;(str[i+1]!='\0')&&(yn==0);i++)
            if(str[i]>str[i+1])                 //有逆序对
            {
                for(j=i;str[j+1]!='\0';j++)     //删除逆序对中较大者
                    str[j]=str[j+1];
```

```
                    str[j]='\0';
                    m--;
                    yn=1;
            }
    };
    if(m>0)      //如果通过逆序对没删够所需位数，则直接将尾部所需位置删除即可
        str[strlen(str)-m]='\0';
    printf("%s\n",str);
    return 0;
}
```

(3)孪生数是指两个相差为2的素数,如3和5、5和7、11和13。请编写程序输出15对孪生数。

注意: 1既不是素数，也不是合数，2是最小的素数，也是唯一的偶素数。

分析：从2开始每次取可能为孪生数的两个数进行判断，若同为素数则输出，不是则忽略。反复进行，直到找够所需个数的孪生数为止。

参考程序：

```
#include <stdio.h>
//判断x是否为素数，若是则返回1，否则返回0
int judge(int x)
{
    int i,yn;
    yn=1;        //为1表示是素数
    for(i=2;(i<x)&&(yn==1);i++)
        if(x%i==0)
            yn=0;
    return yn;
}
int main(void)
{
    unsigned i=2,count=1,d1,d2;
    while(count<=15)
    {
        d1=i;
        d2=d1+2;
        i++;
        if(judge(d1)&&judge(d2))
        printf("No.%2d:%10d%10d\n",count++,d1,d2);
    }
    return 0;
}
```

(4) 有编号为1、2、3、4、5的5本书，准备分给A、B、C、D、E这5个人，阅读兴趣用以下二维数组描述：

$$like[i][j]=\begin{cases}1 & ,i\text{ 喜欢 }j\text{ 书}\\0 & ,i\text{ 不喜欢 }j\text{ 书}\end{cases}$$

编写一个程序,输出所有分书方案,让人人皆大欢喜。假定5个人对5本书的阅读兴趣如表4-1所示。

表 4-1　5 个人对 5 本书的阅读兴趣

书＼人	1	2	3	4	5
A	0	0	1	1	0
B	1	1	0	0	1
C	0	1	1	0	1
D	0	0	0	1	0
E	0	1	0	0	1

分析：所谓的人人皆大欢喜可以理解为每个人都拿到自己喜欢的书。为此，可采用穷举算法，对各种可能情况一一列举，找到一种皆大欢喜的情况输出即可。

参考程序：

```
#include "stdio.h"
int main()
{
    char like[5][5]={0,0,1,1,0,1,1,0,0,1,0,1,1,0,1,0,0,0,1,0,0,1,0,0,1};//存放兴趣表
    int i,j,p[5],yn1,yn2;
    printf(" 1 2 3 4 5\n");
    for(i=0;i<5;i++)                    //输出兴趣表
    {
        printf("%c",'A'+i);
        for(j=0;j<5;j++)
           printf("%4d",like[i][j]);
        printf("\n");
    }
    for(p[0]=0;p[0]<5;p[0]++)           //穷举各种可能情况
        for(p[1]=0;p[1]<5;p[1]++)
            for(p[2]=0;p[2]<5;p[2]++)
                for(p[3]=0;p[3]<5;p[3]++)
                    for(p[4]=0;p[4]<5;p[4]++)
                    {
                        yn1=1;          //这段程序判断是否有书被两人及以上重复占用
                        for(i=0;i<5;i++)
                            for(j=0;j<5;j++)
                                if((i!=j)&&(p[i]==p[j]))
                                    yn1=0;
                        yn2=1;          //这段程序用于判断各人是否拿到了自己喜欢的书
                        for(i=0;i<5;i++)
                            if(like[i][p[i]]==0)
                                yn2=0;
                        if(yn1&&yn2)
                        {
                            for(i=0;i<5;i++)
                                printf("%c-%d ",i+'A',p[i]+1);
                            printf("\n");
                        }
                    }
    return 0;
}
```

(5) 跳台阶问题（基本）。一个台阶总共有 n 级，如果一次可以跳 1 级，也可以跳 2 级，求总共有多少种跳法，并分析算法。

分析：首先考虑最简单的情况，如果只有 1 级台阶，那显然只有一种跳法（1）；如果有 2 级台阶，那就有两种跳的方法（1，1）、（2）。

现在再来讨论一般情况：把 n 级台阶时的跳法看成是 n 的函数，记为 $f(n)$。当 $n>2$ 时，第一次跳的时候就有两种不同的选择：一是第一次只跳 1 级，此时跳法数目等于后面剩下的 n-1 级台阶的跳法数目，即为 $f(n-1)$；另外一种选择是第一次跳 2 级，此时跳法数目等于后面剩下的 n-2 级台阶的跳法数目，即为 $f(n-2)$。因此，n 级台阶不同跳法的总数 $f(n)=f(n-1)+f(n-2)$。

把上面的分析用一个公式总结如下：

$f(n)=1\ (n=1)$

$f(n)=2\ (n=2)$

$f(n)=f(n-1)+(f-2)\ (n>2)$

分析到这里，相信很多人都能看出这就是我们熟悉的 Fibonacci 序列。

参考程序：

```
//递推算法
#include <stdio.h>
int main()
{
    int n,i,fn3,fn2,fn1;
    do
    {
        printf("请输入台阶数(>=1): ");
        scanf("%d",&n);
    }while(n<1);
    fn1=1;
    fn2=2;
    for(i=3;i<=n;i++)
    {
        fn3=fn2+fn1;
        fn1=fn2;
        fn2=fn3;
    }
    if(n==1)
      fn3=1;
    else
        if(n==2)
            fn3=2;
    printf("%d 阶台阶时共有 %d 种跳法。\n",n,fn3);
    return 0;
}
//递归算法
#include <stdio.h>
int f(int n)
{
    if(n==1)
        return 1;
    else
        if(n==2)
```

```
            return 2;
        else
            return f(n-1)+f(n-2);
}
int main()
{
    int n;
    do
    {
        printf("请输入台阶数(>=1):");
        scanf("%d",&n);
    }while(n<1);
    printf("%d阶台阶时共有%d种跳法。\n",n,f(n));
    return 0;
}
```

(6) 跳台阶问题（复杂）。一个台阶总共有 n 级，如果一次可以跳 1 级，也可以跳 2 级，也可以跳 3 级，求总共有多少种跳法，并分析算法。

分析:首先考虑最简单的情况,如果只有 1 级台阶,那显然只有一种跳法（1）;如果有 2 级台阶,那就有两种跳的方法（1，1）、(2);如果是 3 级台阶，则有 4 种跳法:(1，1，1)，(1，2)，(2，1)，(3)。

现在再讨论一般情况：把 n 级台阶时的跳法看成是 n 的函数，记为 $f(n)$。当 $n>3$ 时，第一次跳的时候就有 3 种不同的选择：一是第一次只跳 1 级，此时跳法数目等于后面剩下的 n-1 级台阶的跳法数目，即为 $f(n-1)$；另外一种选择是第一次跳 2 级，此时跳法数目等于后面剩下的 n-2 级台阶的跳法数目，即为 $f(n-2)$；还有一种选择是第一次跳 3 级，此时跳法数目等于后面剩下的 n-3 级台阶的跳法数目，即为 $f(n-3)$。

因此 n 级台阶不同跳法的总数 $f(n) = f(n-1) + f(n-2) + f(n-3)$。

把上面的分析用一个公式总结如下：

$f(n) = 1\ (n=1)$

$f(n) = 2\ (n=2)$

$f(n) = 4\ (n=3)$

$f(n) = f(n-1)+(f-2)+f(n-3)\ (n>3)$

也是 Fibonacci 序列。

参考程序:

```
//递推算法
#include <stdio.h>
int main()
{
    int n,i,fn4,fn3,fn2,fn1;
    do
    {
        printf("请输入台阶数(>=1):");
```

```
        scanf("%d",&n);
    }while(n<1);
    fn1=1;
    fn2=2;
    fn3=4;
    for(i=4;i<=n;i++)
    {
        fn4=fn3+fn2+fn1;
        fn1=fn2;
        fn2=fn3;
        fn3=fn4;
    }
    if(n==1)
        fn4=1;
    else
        if(n==2)
            fn4=2;
        else
            if(n==3)
                fn4=3;
    printf("%d 阶台阶时共有 %d 种跳法。\n",n,fn4);
    return 0;
}
//递归算法
#include <stdio.h>
int f(int n)
{
    if(n==1)
        return 1;
    else
        if(n==2)
            return 2;
        else
            if(n==3)
                return 4;
            else
                return f(n-1)+f(n-2)+f(n-3);
}
int main()
{
    int n;
    do
    {
        printf("请输入台阶数(>=1):");
        scanf("%d",&n);
    }while(n<1);
    printf("%d 阶台阶时共有 %d 种跳法。\n",n,f(n));
    return 0;
}
```

(7) *n* 人围成一圈，并顺序编号，从第一个人开始按 1、2、3 顺序报号，报到 3 者退出圈子，再从下一个人重新开始报数，依次类推……。请编写程序找出最后留在圈子中人的原序号。

分析：对此过程采取相应数据结构进行模拟即可。

参考程序：

```
//用链表模拟
#include <stdio.h?>
#include <stdlib.h>
#define MAXN 100                          //最大个数
struct Node
{
    int data;
    struct Node *next;
};
int main()
{
    struct Node *head, *s, *q, *t;
    int n, m, count=0, i;
    do                                //输入总个数
    {
        printf("请输入总个数(1 - %d): ",MAXN);
        scanf("%d",&m);
    }while((m<1)||(m>MAXN));
    do                                //输入出圈时要数到的个数
    {
        printf("要数到的个数(1--%d): ",m);
        scanf("%d",&n);
    }while((n<1)||(n>m));
    for(i=0;i<m;i++)                  //创建循环单链表
    {
        s=(struct Node *)malloc(sizeof(struct Node));
        s->data=i+1;
        s->next=NULL;
        if(i==0)
        {
            head=s;
            q=head;
        }
        else
        {
            q->next=s;
            q=q->next;
        }
    }
    q->next=head;                     //形成圈
    //以下代码输出原始状态
    printf("原始状态: \n");
    q=head;
    while(q->next!=head)
```

```
    {
        printf("%4d",q->data);
        q=q->next;
    }
    printf("%4d\n",q->data);
    q=head;                           //以下代码实现出圈
    printf("出圈顺序: \n");
    do
    {
        count++;
        if(count==n-1)
        {
            t=q->next;
            q->next=t->next;
            count=0;
            printf("%4d",t->data);
            free(t);
        }
        q=q->next;
    }while(q->next!=q);
    printf("\n剩下的是 %4d\n",q->data);
    return 0;
}
//用数组模拟
#include<stdio.h>
#include<stdlib.h>
#define MAXN 100                              //最大个数
int main()
{
    int i,j,k,temp,*a,m,n;
    do                                //输入总个数
    {
        printf("请输入总个数(1 - %d): ",MAXN);
        scanf("%d",&m);
    }while((m<1)||(m>MAXN));
    do                                //输入出圈时要数到的个数
    {
        printf("要数到的个数(1--%d): ",m);
        scanf("%d",&n);
    }while((n<1)||(n>m));
    a=(int *)malloc(sizeof(int));
    if(a==NULL)
        printf("程序无法继续运行......\n");
    else
    {
        for(i=0;i<m;i++)
            a[i]=i+1;
        printf("原始顺序如下: \n");
        for(i=0;i<m;i++)
            printf("%4d",a[i]);
```

```
        printf("\n");
        for(i=m-1;i>=0;i--)
        {
            for(k=1;k<=n;k++)
            {
                temp=a[0];
                for(j=0;j<i;j++)
                    a[j]=a[j+1];
                a[i]=temp;
            }
        }
        printf("出圈的顺序如下，最后一个即为留下来的那一个：\n");
        for(i=m-1;i>=0;i--)
            printf("%4d",a[i]);
        printf("\n");
    }
    return 0;
}
//用数组模拟的另一种算法
#include<stdio.h>
#include<stdlib.h>
#define MAXN 100                                    //最大个数
int main()
{
    int i,j,*a,m,n,s1,w;
    do                                       //输入总个数
    {
        printf("请输入总个数（1 - %d）：",MAXN);
        scanf("%d",&m);
    }while((m<1)||(m>MAXN));
    do//输入出圈时要数到的个数
    {
        printf("要数到的个数（1--%d）：",m);
        scanf("%d",&n);
    }while((n<1)||(n>m));
    a=(int *)malloc(sizeof(int));
    s1=1;
    if(a==NULL)
        printf("程序无法继续运行......\n");
    else
    {
        for(i=0;i<m;i++)
            a[i]=i+1;
        printf("原始顺序如下：\n");
        for(i=0;i<m;i++)
            printf("%4d",a[i]);
        printf("\n");
        //进行(n-2+1)=(n-1)轮处理，每次把第 i 个人报数后出圈，则将 p[i] 置于数组的倒数第 i
        //个位置上，而原来第 i+1 个至倒数第 i 个元素依次向前移动一个位置。
        for(i=m;i>=2;i--)
```

```
        {
            s1=(s1+n-1)%i;          //定位那个出圈的人的顺序号 i
            if(s1==0)
                s1=i;  //若 s1=0 表示本次出圈的队列中的最后一个人
            w=a[s1-1]; //w 为出圈的那个人的真实序号，因为 1-n 保存在 p[i-1] 中
            for(j=s1;j<i;j++)       //原来第 i+1 个至倒数第 i 个元素依次向前移动一个位置
                a[j-1]=a[j];
            a[i-1]=w;               //则将 p[i] 置于数组的倒数第 i 个位置上
        }
        printf("猴子出列的顺序如下: \n");
        for(i=m-1;i>=0;i--)
            printf("%4d",a[i]);
        printf("\n");
    }
    return 0;
}
```

(8) 整数的拆解与组装示例。将一个正整数中的偶数挑出来并按逆序重新组装成一个数。

分析：通过整除及求余实现分解，再通过累加实现重新组合。

参考程序：

```
#include <stdio.h>
int main()
{
    int a,t,b;
    printf("Please input an integer:");
    scanf("%d",&a);
    b=0;
    while(a!=0)
    {
       t=a%10;                  //分解出末位
       if(t%2==0)               //为偶数
           b=b*10+t;            //重组，新增的位加在个位，而原数通过乘以 10 实现左移一位
       a/=10;
    }
    printf("b=%d\n",b);
    return 0;
}
```

(9) 整数的拆解与组装示例。将一个正整数中的偶数挑出来并按原序重新组装成一个数。

分析：通过整除及求余实现分解，再通过累加实现重新组合。

参考程序：

```
#include <stdio.h>
int main()
{
    int a,t,b,p=1;              //p 为重组时各位权值，其中个位权值为 1
    printf("Please input an integer:");
    scanf("%d",&a);
```

```
    b=0;
    while(a!=0)
    {
        t=a%10;                          // 分解出末位
        if(t%2==0)                       // 为偶数
        {
            b=b+t*p;                     // 重组，新增的位通过乘以相应位的权值而放在适当位
            p*=10;                       // 调整相应位权值，为下一次的重组做准备
        }
        a/=10;
    }
    printf("b=%d\n",b);
    return 0;
}
```

(10）筛选法找素数。

分析：这种算法的效率比较高。

用筛选法求素数的基本思想：把从 1 开始的、某一范围内的正整数从小到大顺序排列，1 不是素数，首先把它筛掉。剩下的数中选择最小的数，仍是素数，然后去掉它的倍数。依次类推，直到筛子为空时结束。例如有：

1 2 3 4 5 6 7 8 9 10 11 12 13 14 15 16 17 18 19 20 21 22 23 24 25 26 27 28 29 30

① 1 不是素数，去掉。

② 剩下的数中 2 最小，是素数，去掉 2 的倍数，余下的数是：

3 5 7 9 11 13 15 17 19 21 23 25 27 29

③ 剩下的数中 3 最小，是素数，去掉 3 的倍数，如此下去直到所有的数都被筛完，求出的素数为：

2 3 5 7 11 13 17 19 23 29

参考程序：

```
#include <stdio.h>
#include <conio.h>
#define M 2000
#define N ((M+1)/2)
int main(void)
{
    int i,j,a[N];
    a[0]=2;                              // 直接从 2 开始，排除 1
    for(i=1;i<(N-1);i++)                 // 直接将 2 的倍数排除
        a[i]=2*i+1;
    for(i=1;i<(N-1);i++)
        if(a[i]!=0)                      //a[i] 为素数
            for(j=i+1;j<N;j++)
                if(a[j]%a[i]==0)         // 排除 a[i] 的倍数
                    a[j]=0;              // 被排除的数置为 0
    printf("\n 素数为 [2-%d]: \n",M);
    for(i=0,j=0;i<N;i++)
    {
        if(a[i]!=0)
```

```
        {
            printf("%6d",a[i]);
            if((++j)%10==0)                 //每行10个
                printf("\n");
        }
    }
    getch();
    return 0;
}
```

(11) 将 1 ~ 9 这九个数字分成三组，使每组 3 个数字构成的三位数都是完全平方数，编写程序找出符合条件的分组方法。

分析：穷举各种情况，逐个判断即可。

参考程序：

```
#include <stdio.h>
#include <math.h>
//判断是否是完全平方数
int judge1(int x)
{
    int root;
    root=(int)sqrt(x);
    return root*root==x;
}
//判断是否有相同的元素取值
int judge2(int a[])
{
    int yn=1,i,j;
    for(i=1;i<=9;i++)
        for(j=1;j<=9;j++)
            if((i!=j)&&(a[i]==a[j]))
                yn=0;
    return yn;
}
int main()
{
    int a[10]={0},data1,data2,data3,i;
    for(a[1]=1;a[1]<=9;a[1]++)
        for(a[2]=1;a[2]<=9;a[2]++)
            for(a[3]=1;a[3]<=9;a[3]++)
                for(a[4]=1;a[4]<=9;a[4]++)
                    for(a[5]=1;a[5]<=9;a[5]++)
                        for(a[6]=1;a[6]<=9;a[6]++)
                            for(a[7]=1;a[7]<=9;a[7]++)
                                for(a[8]=1;a[8]<=9;a[8]++)
                                    for(a[9]=1;a[9]<=9;a[9]++)
                                    {
                                        data1=a[1]*100+a[2]*10+a[3];
                                        data2=a[4]*100+a[5]*10+a[6];
```

```
                                        data3=a[7]*100+a[8]*10+a[9];
                                        if(judge2(a)&&judge1(data1)&&judge1
                                    (data2)&&judge1(data3))
                                        {
                                            for(i=1;i<=9;i++)
                                            {
                                                if(i%3==1)
                                                    printf("  (");
                                                printf("%4d",a[i]);
                                                if(i%3==0)
                                                    printf(")");
                                            }
                                            printf("\n");
                                        }
                                    }
    return 0;
}
```

此程序循环比较多，程序运行速度慢，应该考虑一下算法的优化。

（12）编写程序，读入一个正整数 n，求所有和为 n 的连续整数序列。

分析：可以用两个数 small、big 分别表示序列的最小值和最大值。首先把 small 初始化为 1，big 初始化为 2。如果从 small 到 big 的序列的和大于 n，则右移 small，即从序列中移除最小的数；如果从 small 到 big 的序列的和小于 n，则右移 big，相当于向序列中添加下一个数字，一直到 small 等于 (1+n)/2，保证序列中至少有两个数。

参考程序：

```
#include<stdio.h>
void PrintArray(int small,int big)
{
    int i;
    for(i=small;i<=big;i++)
        printf("%8d",i);
    printf("\n");
}
void FindContinueSequence(int n)
{
    int small=1;
    int big=2;
    int middle=(1+n)/2;
    int sum=small+big;
    while(small<middle)
    {
        if(sum==n)
           PrintArray(small,big);
        while(sum>n)           //和大于 n 的时候，右移 small
        {
           sum-=small;
           small++;
```

```
            if(sum==n)
                PrintArray(small,big);
        }
        big++;              //和小于n的时候，右移big
        sum+=big;
    }
}
int main()
{
    int n;
    do
    {
        printf("请输入一个正整数: ");
        scanf("%d",&n);
    }while(n<1);
    FindContinueSequence(n);
    return 0;
}
```

三、实验要求

总结各种常见算法的综合应用技巧。

实验21 定积分的近似计算算法

一、实验目的

掌握定积分近似计算的几种常用方法

二、实验内容

1. 问题的提出

计算定积分的理论方法：

（1）求原函数。

（2）利用牛顿－莱布尼茨公式计算结果。

$$\int_a^b f(x)\mathrm{d}x = F(b)-F(a)$$

2. 所存在的问题

实际应用中，由于以下几种情况，导致真实的积分值并不容易求出来：

（1）被积函数的原函数不能用初等函数表示。

（2）被积函数难以用公式表示，而是用图形或表格给出的。

（3）被积函数虽然能用公式表示，但计算其原函数很困难。

3. 解决办法

建立定积分的近似计算方法。

4. 思路

$$\int_a^b f(x)\mathrm{d}x\ ,\ f(x)\geqslant 0$$

在数值上表示曲边梯形的面积，只要近似地算出相应曲边梯形的面积，就可得到所给定积分的近似值。

常用方法：矩形法、梯形法、抛物线法。

（1）矩形法：用分点 $a=x_0,x_1,\cdots x_n=b$ 将区间 $[a,b]n$ 等分，取小区间左端点的函数值 $y_i(i=0,1,2,\cdots,n-1)$ 作为窄矩形的高，如图 4-1 所示。

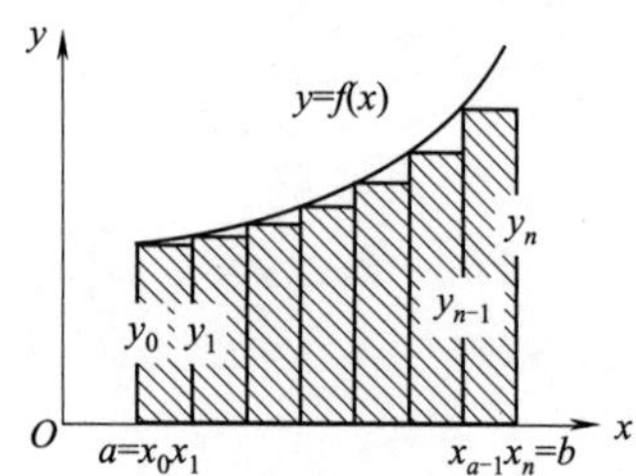

图 4-1　矩形法图示（一）

则有

$$\int_a^b f(x)\mathrm{d}x\approx\sum_{i=1}^{n}y_{i-1}\Delta x=\frac{b-a}{n}\sum_{i=1}^{n}y_{i-1}$$

取小区间右端点的函数值 $y_i(i=1,2,\cdots,n)$ 作为窄矩形的高，如图 4-2 所示。

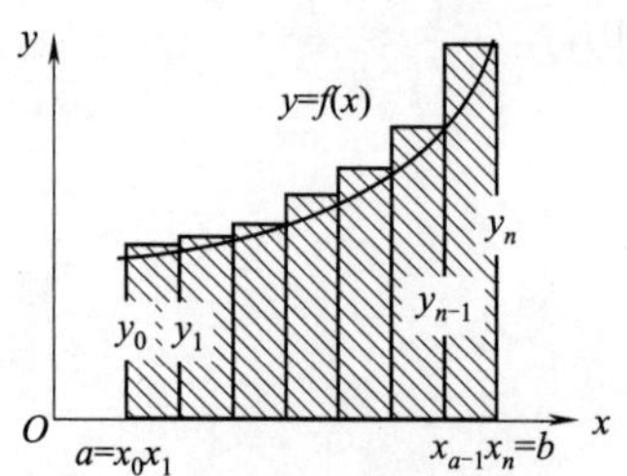

图 4-2　矩形法图示（二）

则有

$$\int_a^b f(x)\mathrm{d}x\approx\sum_{i=1}^{n}y_i\Delta x=\frac{b-a}{n}\sum_{i=1}^{n}y_i$$

以上两公式称为矩形法公式。很明显，n 越大，计算的结果越接近真实值。

例如，用矩形法求

$$\int_a^b \cos(x)\mathrm{d}x$$

并与用牛顿－莱布尼茨公式计算的结果进行比较。

参考程序：

```
#include <stdio.h>
#include <math.h>
int main()
{
    double result,a=0,b=1,i,n=1000000,h;
    printf("按牛顿公式计算得到的结果：%f\n",sin(b)-sin(a));
    result=0;
    h=(b-a)/n;                              //计算区间高度
    for(i=1;i<=n;i++)                       //求和
        result=result+cos(a+i*h);
    result=h*result;                        //乘以区间高度
    printf("用近似公式计算得到的结果：%f\n",result);
    return 0;
}
```

程序运行结果如图 4-3 所示。

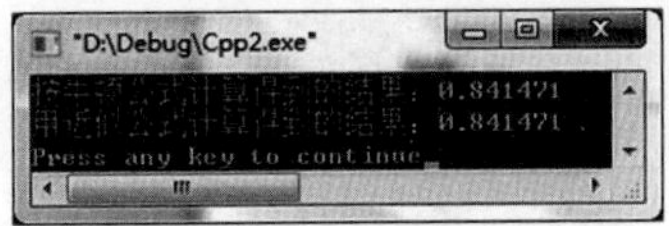

图 4-3　程序运行结果（一）

（2）梯形法：梯形法就是在每个小区间上，以窄梯形的面积近似代替窄曲边梯形的面积，如图 4-4 所示。

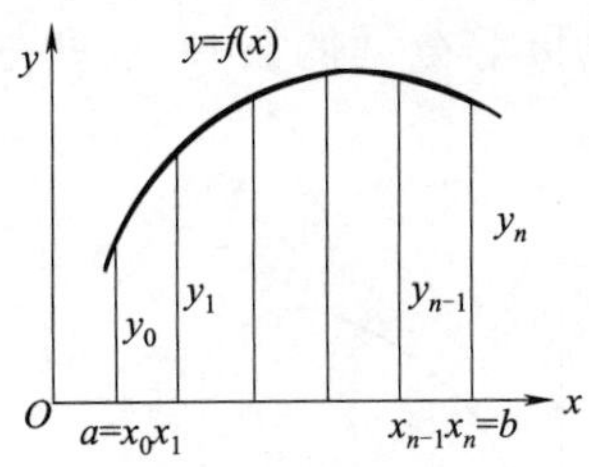

图 4-4　梯形法图示

则有

$$\int_a^b f(x)\,\mathrm{d}x \approx \frac{1}{2}(y_0+y_1)\Delta x+\frac{1}{2}(y_1+y_2)\Delta x+\cdots+\frac{1}{2}(y_{n-1}y_{n-1}+y_n)\Delta x$$

$$=\frac{b-a}{n}\left[\frac{1}{2}(y_0+y_n)+y_1+y_2+\cdots+y_{n-1}\right]$$

同样，n 越大，计算结果越精确。

例如，用梯形法求

$$\int_0^1 \cos(x)\,\mathrm{d}x$$

并与用牛顿－莱布尼茨公式计算的结果进行比较。

参考程序：

```
#include <stdio.h>
#include <math.h>
int main()
{
    double result,a=0,b=1,i,n=1000000,h;
    printf("按牛顿公式计算得到的结果：%f\n",sin(b)-sin(a));
    result=0;
    h=(b-a)/n;                          //计算区间高度
    for(i=1;i<=n-1;i++)                 //求和
        result=result+cos(a+i*h);
    result+=(cos(a)+cos(b))/2;
    result=h*result;                    //乘以区间高度
    printf("用近似公式计算得到的结果：%f\n",result);
    return 0;
}
```

程序运行结果如图 4-5 所示。

图 4-5　程序运行结果（二）

（3）抛物线法：此法就是将曲线分成许多小段，用对称轴平行于 y 轴的二次抛物线上的一段弧来近似替代原来的曲线弧，从而得到定积分的近似值。

用分点 $a=x_0,x_1,\cdots x_n=b$ 将区间 $[a,b]n$ 等分（偶数），这些分点对应曲线上的点为 $M_i(x_i,y_i)$(其中 $y_i=f(x_i)$，$i=0,1,2,\cdots,n$)，如图 4-6 所示。

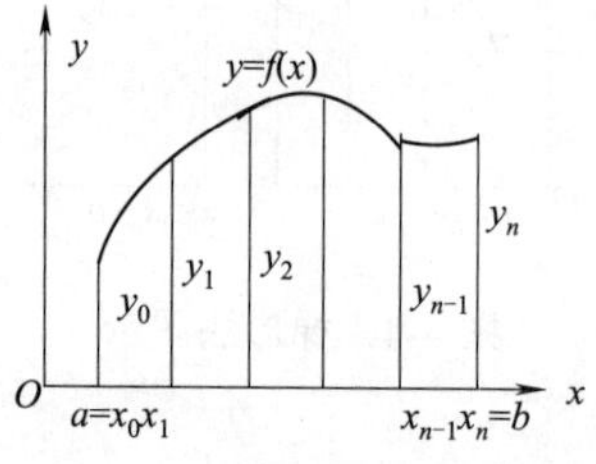

图 4-6　抛物线法图示

因为经过 3 个不同的点可以唯一确定一条抛物线，可将这些曲线上的点 M_i 互相衔接地分成 $n/2$ 组 $\{M_0, M_1, M_2\}$，$\{M_2, M_3, M_4\}$，…，$\{M_{n-2}, M_{n-1}, M_n\}$，即每相邻两个区间为一组。在每组 $\{M_{2k-2}, M_{2k-1}, M_{2k}\}(k=1, 2, \cdots, n/2)$ 所对应的子区间 $[x_{2k-2}, x_{2k}]$ 上，用经过点 M_{2k-2}、M_{2k-1}、M_{2k} 的二次抛物线近似代替曲线弧。

下面讨论如何计算以下积分：

$$\int_{2k-2}^{2k}(px^2+qx+r)\mathrm{d}x$$

设 h 为区间高度，即 $h=x_{2k}-x_{2k-1}=x_{2k-1}-x_{2k-2}$。根据积分性质（积分在数值上表示曲边梯形的面积）有如下等式成立：

$$\int_{2k-2}^{2k}(px^2+qx+r)\mathrm{d}x=\int_{-h}^{h}(px^2+qx+r)\mathrm{d}x$$

即将区间 $[x_{2k-2},x_{2k}]$ 平移到区间 $[-h,h]$ 上，计算所得的定积分的值与原区间上的值相同。

下面计算在 $[-h,h]$ 上过三点 $M'_0(-h,y_0)$、$M'_1(0,y_1)$、$M'_2(h,y_2)$ 的抛物线为曲边的面积。

抛物线 $y=px^2+qx+r$ 中的 p、q、r 可由下列方程组确定：

$$\begin{cases} y_0=ph^2-qh+r \\ y_1=r \\ y_2=ph^2+qh+r \end{cases}$$

由此得

$$2ph^2=y_0-2y_1+y_2$$

于是所求面积为

$$A=\int_{-k}^{k}(px^2+qx+r)\mathrm{d}x=\frac{2}{3}ph^2+2rh=\frac{1}{3}h(2ph^2+6r)=\frac{1}{3}h(y_0+4y_1+y_2)$$

显然，曲边梯形的面积只与 M'_0、M'_1、M'_2 的纵坐标 y_0、y_1、y_2 及底边所在的区间的长度 $2h$ 有关。由此可知 $n/2$ 组梯形的面积为

$$A_1=\frac{1}{3}h(y_0+4y_1+y_2)$$

$$A_2=\frac{1}{3}h(y_2+4y_3+y_4)$$

$$\cdots$$

$$A_{\frac{x}{2}}=\frac{1}{3}h(y_{x-2}+4y_{x-1}+y_x)$$

$$\int_a^b f(x)\mathrm{d}x\approx\frac{b-a}{3n}[(y_0+y_x)+2(y_2+y_4+\cdots+y_{x-2})+4(y_1+y_3+\cdots+y_{x-1})],$$

例如，用抛物法求

$$\int_0^1\cos(x)\mathrm{d}x$$

并与用牛顿－莱布尼茨公式计算的结果进行比较。

参考程序：

```
#include <stdio.h>
#include <math.h>
int main()
{
    double result,a=0,b=1,i,n=1000000,h;
    printf("按牛顿公式计算得到的结果: %f\n",sin(b)-sin(a));
    result=0;
    h=(b-a)/n;                         //计算区间高度
    for(i=1;i<=n/2;i++)                //求和
        result=result+2*cos(a+2*i*h)+4*cos(a+(2*i-1)*h);
```

```
    result+=cos(a)+cos(b);
    result=h*result/3;                  //乘以区间高度
    printf("用近似公式计算得到的结果: %f\n",result);
    return 0;
}
```

程序运行结果如图 4-7 所示。

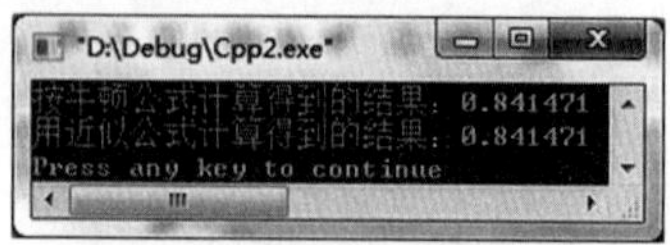

图 4-7　程序运行结果（三）

同理，n 取得越大时近似程度就越好。

三、实验要求

（1）用 3 种积分法近似计算如下定积分的值。

$$s=\int_0^{\frac{\pi}{2}}\sqrt{1-\frac{1}{2}\sin^2 t}\,dt$$

（2）总结编程求定积分近似值的几种常见方法。

实验 22　文件操作算法

一、实验目的

掌握各类文件操作综合应用技巧

二、实验内容

（1）请编写程序，将不超过 1 000 行，每行不超过 75 个字符的正文文件 f 复制到文件 g 中，并在文件 g 的每一行末端加上该行的行号。

分析：算法非常简单，主要需要熟悉有关文件的基本操作。

参考程序：

```
#include <stdio.h>
#include <stdlib.h>
#include <string.h>
#define N 75                            //N 为每行最多字符个数
#define MAXN 1000                       //最大行数
int main(void)
{
    int count=1,len;
    char str[N+1];
    FILE *fpr,*fpw;
    fpr=fopen("f.txt","r");
    fpw=fopen("g","w");
    if((fpr==NULL)||(fpw==NULL))
        printf("文件打开不成功，操作无法继续！\n");
```

```
    else
    {
        while((!feof(fpr))&&(count<=MAXN))
        {
            fgets(str,N,fpr);                      //读入一行文字
            len=strlen(str);                       //获取其长度
            str[len-1]='\0';                       //删除末尾的换行符
            printf("%s\n",str);                    //向屏幕输出以方便查看，可不要
            fprintf(fpw,"%s%d\n",str,count++);     //向目标文件输出当前行，并在末尾加行号
        };
        fclose(fpr);
        fclose(fpw);
    }
    return 0;
}
```

（2）有两个磁盘文件 A.txt 和 B.txt，各存放一行字母，试编写程序，要求把这两个文件中的信息合并（按字母表顺序排列，每个字符只出现一次）后输出到新文件 C 中。

分析：实质为归并排序。

参考程序：

```
#include <stdio.h>
#include <string.h>
#define N 100                                      //假设最大长度为 100
int main()
{
    char str[2][N+1],fn[10],ch,prech;
    unsigned i,j,k;
    FILE *fp;
    for(k=0;k<2;k++)                               //读取两个源文件内容并排序
    {
        //以下三条语句用于生成文件名
        strcpy(fn,"A");
        fn[0]=fn[0]+k;
        strcat(fn,".txt");
        //打开文件
        fp=fopen(fn,"r");
        if(fp==NULL)
            printf("文件无法打开！\n");
        else
        {
            fgets(str[k],N+1,fp);                  //读取文件内容
            printf("File %d:",k+1);                //以下两条语句输出原文件内容
            puts(str[k]);
            for(i=1;i<strlen(str[k]);i++)          //对当前文件内容排序
            {
                for(j=0;j<strlen(str[k])-i;j++)
                    if(str[k][j]>str[k][j+1])
                    {
                        ch=str[k][j];
                        str[k][j]=str[k][j+1];
                        str[k][j+1]=ch;
                    }
```

```
            }
        }
        fclose(fp);
    }
    fp=fopen("C.txt","w");
    if(fp==NULL)
        printf("文件无法打开，数据不能保存！\n");
    else
    {
        //以下代码实现归并且取消重复
        prech='\0';
        for(i=0,j=0;str[0][i]!='\0' || str[1][j]!='\0';)
        {
            if(str[0][i]=='\0')
                ch=str[1][j++];
            else
                if(str[1][j]=='\0')
                    ch=str[0][i++];
                else
                    if(str[0][i]<str[1][j])
                        ch=str[0][i++];
                    else
                        ch=str[1][j++];
            if(prech!=ch)
            {
                fprintf(fp,"%c",ch);
                prech=ch;
            }
        }
    }
    fclose(fp);
    //输出结果
    fp=fopen("c.txt","r");
    if(fp==NULL)
        printf("文件无法打开！\n");
    else
    {
        fscanf(fp,"%c",&ch);
        while(!feof(fp))
        {
            printf("%c",ch);
            fscanf(fp,"%c",&ch);
        }
        printf("\n");
    }
    fclose(fp);
    return 0;
}
```

（3）将文本文件 data1.txt 中的所有字母转换为大写字母，并保存到文本文件 data2.txt 中，其他内容不变。

```
#include <stdio.h>
int main()
{
    FILE *fp1,*fp2;
    char ch;
    fp1=fopen("data1.txt","r");
    fp2=fopen("data2.txt","w");
    if(fp1==NULL || fp2==NULL)
        printf("文件无法正常打开！\n");
    else
    {
        fscanf(fp1,"%c",&ch);
        while(!feof(fp1))
        {
            if(ch>='a' && ch<='z')
                ch=ch-32;
            fprintf(fp2,"%c",ch);
            fscanf(fp1,"%c",&ch);
        }
    }
    fclose(fp1);
    fclose(fp2);
    return 0;
}
```

(4) 编写程序找出文件中最长和最短的正文行并统计文件中的行数（假定最长行不超过 80 个字符）。

```
#include <stdio.h>
#include <stdlib.h>
#include <string.h>
#define N 80
int main(void)
{
    unsigned count=1,maxno,minno;
    char max[N+1],min[N+1],cur[N+1],fname[N+1];
    FILE *fp;
    printf("请输入文件名：");                  //输入文件名
    scanf("%s",fname);
    fp=fopen(fname,"r");
    if(fp==NULL)
        printf("文件无法打开！\n");
    else
    {
        while(!feof(fp))                      //文件没结束时反复读取并判断
        {
            fgets(cur,N,fp);                  //读取一行
            if(count==1)                      //若为第一行则当其为目前的最长及最短行
```

```
            {
                maxno=1;
```

```
                minno=1;
                strcpy(max,cur);
                strcpy(min,cur);
            }
            else                                    //若不是第一行
            {
                if(strlen(max)<strlen(cur))         //新的最长行
                {
                    maxno=count;
                    strcpy(max,cur);
                }
                if(strlen(min)>strlen(cur))         //新的最短行
                {
                    minno=count;
                    strcpy(min,cur);
                }
            }
            count++;                                //行号增1
        };
        fclose(fp);
        printf("文件共有%d行\n",count-1);
        printf("最长行为第%d行，其内容为：%s\n",maxno,max);
        printf("最短行为第%d行，其内容为：%s\n",minno,min);
    }
    return 0;
}
```

三、实验要求

总结常见文件操作的综合应用技巧。

实验 23 排序类算法

一、实验目的

进一步了解并掌握排序的更多算法思想及编程实现方法。

二、实验内容

1. 选择排序

试写出按照如下方式进行排序的程序。第一趟比较将最小的元素放在r[1]中，最大的放入r[n]中；第二趟比较将次小的放在r[2]中，次大的放入r[n-1]中；…，依次进行下去，直到待排序数据递增有序。

分析：实质为优化后的选择排序，一趟排两个数。

参考程序：

```
#include <stdio.h>
#include <ctype.h>
```

```
#define N 80                                //N 为最多个数
int main(void)
{
    int i,j,min,max,a[N+1],n;
    // 以下循环用于输入实际个数
    do
    {
        printf("请输入个数 (1 — %d): ",N);
        scanf("%d",&n);
    }while((n<1)||(n>N));
    printf("\n 请输入原始数据 (%d 个): \n",n);
    for(i=1;i<=n;i++)
        scanf("%d",&a[i]);
    printf("\n 按原序输出: \n");
    for(i=1;i<=n;i++)
        printf("%8d",a[i]);
    // 以下代码用于按要求进行排序
    for(j=1;j<=n/2;j++)
    {
        // 用选择法找出当前范围内的最小及最大值所对应的下标
        min=max=j;
        for(i=j+1;i<=n-j+1;i++)
            if(a[i]<a[min])
                min=i;
            else
                if(a[i]>a[max])
                    max=i;
        a[0]=a[j];                          // 将最小值换最前面
        a[j]=a[min];
        a[min]=a[0];
        a[0]=a[n-j+1];                      // 将最大值换最后面
        a[n-j+1]=a[max];
        a[max]=a[0];
    }
    printf("\n 按新序输出: \n");
    for(i=1;i<=n;i++)
        printf("%8d",a[i]);
    return 0;
}
```

2. 双选择排序（一次排定两个数的位置）

双选择排序一次排定 2 个数的位置。

参考程序：

```
#include <stdio.h>
#define N 10
int main(void)
{
```

```
    int a[N],i,j,k,kmin,kmax,min,max;
    printf("请输入%d个数: \n",N);
    for(i=0;i<N;i++)
        scanf("%d",&a[i]);
    for(i=0,j=N-1;i<j;i++,j--)
    {
        kmin=kmax=i;                        //找出当前范围内的最大最小数
        for(k=i+1;k<=j;k++)
        {
            if(a[k]>a[kmax])
                kmax=k;
            if(a[k]<a[kmin])
                kmin=k;
        }
        max=a[kmax];
        min=a[kmin];
        a[kmax]=a[j];
        a[kmin]=a[i];
        a[j]=max;
        a[i]=min;
    }
    printf("排好序的数据为: \n");
    for(i=0;i<N;i++)
        printf("%4d",a[i]);
    printf("\n");
    return 0;
}
```

3. 直接插入排序

直接插入排序是一种最简单的排序方法，它的基本操作是将一个记录插入到已排好序的有序表中，从而得到一个新的、记录数增1的有序表。

参考程序：

```
#include <stdio.h>
#include <stdlib.h>
#include <time.h>
#define N 100
//直接插入排序
void insertsort(int *r,int n)
{
    int i,j;
    for(i=2;i<=n;i++)
    {
        r[0]=r[i];                      //r[0]是监视哨
        j=i-1;                          //j表示当前已排好序列的长度
        while(r[0]<r[j])                //确定插入位置
        {
            r[j+1]=r[j];
            j--;
```

```
        }
        r[j+1]=r[0];                    //元素插入
    }
}
//初始化，产生随机数
void init(int a[],int n)
{
    srand(time(NULL));
    int i;
    for(i=1;i<=n;i++)
        a[i]=rand();
}
int main()
{
    int a[N+1],i;
    init(a,N);
    printf("排序前：\n");
    for(i=1;i<=N;i++)
        printf("%10d",a[i]);
    printf("\n");
    insertsort(a,N);
    printf("排序后：\n");
    for(i=1;i<=N;i++)
        printf("%10d",a[i]);
    printf("\n");
    system("pause");
    return 0;
}
```

4. 快速排序

快速排序是对冒泡排序的一种改进。由 C.A.R.Hoare 在 1962 年提出。它的基本思想是：通过一趟排序将要排序的数据分割成独立的两部分，其中一部分的所有数据比另外一部分的所有数据都小，然后再按此方法对这两部分数据分别进行快速排序，整个排序过程可以递归进行，使整个数据有序。

假设要排序的数组是 A[0…N-1]，首先任意选取一个数据（通常选用第一个）作为关键数据，然后将所有比它小的数都放到它前面，所有比它大的数都放到它后面，这个过程称为一趟快速排序。值得注意的是，快速排序不是一种稳定的排序算法，也就是说，多个相同的值的相对位置也许会在算法结束时产生变动。

一趟快速排序的算法如下：

（1）设置两个变量 I、J，排序开始时：I=0，J=N-1。

（2）以第一个数组元素作为关键数据，赋值给 key，即 key=A[0]。

（3）从 J 开始向前搜索，即由后开始向前搜索（J=J-1），找到第一个小于 key 的值 A[J]，并与 A[I] 交换。

（4）从 I 开始向后搜索，即由前开始向后搜索（I=I+1），找到第一个大于 key 的 A[I]，与 A[J] 交换。

（5）重复第（3）、（4）步，直到 I=J。

参考程序：

```
#include <stdio.h>
```

```
#include <stdlib.h>
#include <time.h>
#define N 100
//快速排序
void sort_quick(int a[],int i,int j)
{
    int key=a[i],top=i,bottom=j,temp;
    if(i<j)                                    //还有待排序的数据
    {
        while(i<j)
        {
            while((i<j)&&(a[j]>=key))          //由后开始向前搜索
                j--;
            temp=a[i];                         //交换
            a[i]=a[j];
            a[j]=temp;
            while((i<j)&&(a[i]<=key))          //由前开始向后搜索
                i++;
            temp=a[j];                         //交换
            a[j]=a[i];
            a[i]=temp;
        }
        sort_quick(a,top,i-1);                 //递归调用
        sort_quick(a,i+1,bottom);
    }
}
//初始化，产生随机数
void init(int a[],int n)
{
    srand(time(NULL));
    int i;
    for(i=1;i<=n;i++)
        a[i]=rand()%(N*10);
}
int main()
{
    int a[N+1],i;
    init(a,N);
    printf("排序前:\n");
    for(i=1;i<=N;i++)
        printf("%10d",a[i]);
    printf("\n");
    sort_quick(a,1,N);
    printf("排序后:\n");
    for(i=1;i<=N;i++)
        printf("%10d",a[i]);
    printf("\n");
    system("pause");
    return 0;
}
```

这种方式交换次数比较多。下面是改进的一种方式，可减少交换次数。

参考程序：

```
#include <stdio.h>
#include <stdlib.h>
#include <time.h>
#define N 100
//快速排序
void sort_quick(int a[],int i,int j)
{
    int key=a[i],top=i,bottom=j;
    if(i<j)                                     //还有待排序的数据
    {
        while(i<j)
        {
            while((i<j)&&(a[j]>=key))           //向前搜索
                j--;
            a[i]=a[j];
            while((i<j)&&(a[i]<=key))           //向后搜索
                i++;
            a[j]=a[i];
        }
        a[i]=key;                               //将用于分界的关键字插入空出的位置
        sort_quick(a,top,i-1);                  //递归调用
        sort_quick(a,i+1,bottom);
    }
}
//初始化，产生随机数
void init(int a[],int n)
{
    srand(time(NULL));
    int i;
    for(i=1;i<=n;i++)
        a[i]=rand()%(N*10);
}
int main()
{
    int a[N+1],i;
    init(a,N);
    printf("排序前：\n");
    for(i=1;i<=N;i++)
        printf("%10d",a[i]);
    printf("\n");
    sort_quick(a,1,N);
    printf("排序后：\n");
    for(i=1;i<=N;i++)
        printf("%10d",a[i]);
    printf("\n");
    system("pause");
    return 0;
}
```

三、实验要求

总结各类常见排序算法的使用技巧。

实验 24 图形类算法

一、实验目的

掌握各类常见图形题的编程方法，进一步熟练几种程序控制结构的综合应用技巧。

二、实验内容

（1）在屏幕上输出如图 4-8 所示图案（考虑能否将输出的行数由输入的值来控制）。

图 4-8 第（1）题图案

参考程序：

```
#include <stdio.h>
int main()
{
    int n,r,c;
    printf("请输入行数: ");
    scanf("%d",&n);
    if(n<0)
        printf("行数错误! \n");
    else
    {
        for(r=1;r<=n;r++)
        {
            for(c=1;c<=6;c++)
                printf("*");
            printf("\n");
        }
    }
    return 0;
}
```

（2）在屏幕上输出如图 4-9 所示图案（考虑将输出的行数由输入的值来控制）：

图 4-9 第（2）题图案

参考程序：

```
#include <stdio.h>
int main()
{
    int n,r,c;
    printf("请输入行数：");
    scanf("%d",&n);
    if(n<0)
        printf("行数错误！\n");
    else
    {
        for(r=1;r<=n;r++)
        {
            for(c=1;c<=r;c++)
                 printf("*");
            printf("\n");
        }
    }
    return 0;
}
```

（3）编程输出如图 4-10 所示图案（考虑将输出的行数由输入的值来控制）。

图 4-10　第（3）题图案

参考程序：

```
#include <stdio.h>
int main()
{
    int n,r,c;
    printf("请输入行数：");
    scanf("%d",&n);
    if(n<0)
        printf("行数错误！\n");
    else
    {
       for(r=1;r<=n;r++)
       {
            for(c=1;c<=n+1-r;c++)
                 printf("*");
            printf("\n");
       }
    }
    return 0;
}
```

（4）编程输出如图 4-11 所示图案（考虑将输出的行数由输入的值来控制）。

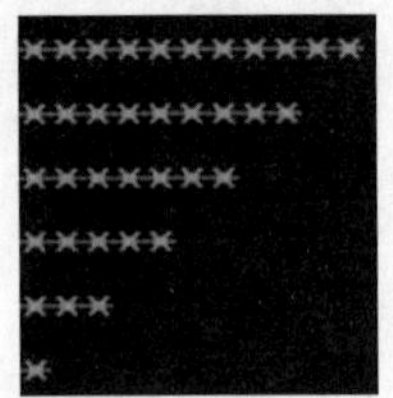

图 4-11　第（4）题图案

参考程序：

```
#include <stdio.h>
int main()
{
    int n,r,c;
    printf("请输入行数: ");
    scanf("%d",&n);
    if(n<0)
        printf("行数错误! \n");
    else
    {
       for(r=1;r<=n;r++)
       {
            for(c=1;c<=2*n+1-2*r;c++)
                printf("*");
            printf("\n");
       }
    }
    return 0;
}
```

（5）编程输出如图 4-12 所示图案（考虑将输出的行数由输入的值来控制）。

图 4-12　第（5）题图案

参考程序：

```
#include <stdio.h>
int main()
{
    int n,r,c;
    printf("请输入行数(必须为单数): ");
    scanf("%d",&n);
    if((n<0) || (n%2==0))
```

```
        printf("行数错误! \n");
    else
    {
        for(r=1;r<=(n+1)/2;r++)
        {
            for(c=1;c<=2*r-1;c++)
                printf("*");
            printf("\n");
        }
        for(r=1;r<=(n-1)/2;r++)
        {
            for(c=1;c<=n-2*r;c++)
                printf("*");
            printf("\n");
        }
    }
    return 0;
}
```

（6）编程输出如图 4-13 所示图案（考虑将输出的行数由输入的值来控制）。

图 4-13　第（6）题图案

参考程序：

```
#include <stdio.h>
int main()
{
    int n,r,c;
    printf("请输入行数: ");
    scanf("%d",&n);
    if(n<0)
         printf("行数错误! \n");
    else
    {
        for(r=1;r<=n;r++)
        {
            for(c=1;c<=n-r;c++)
                printf(" ");
            for(c=1;c<=2*r-1;c++)
                printf("*");
            printf("\n");
        }
    }
    return 0;
}
```

（7）编程输出如图 4-14 所示图案（考虑将输出的行数由输入的值来控制）。

图 4-14　第（7）题图案

```
#include <stdio.h>
int main()
{
    int n,r,c;
    printf("请输入行数(必须为单数): ");
    scanf("%d",&n);
    if((n<0) || (n%2==0))
         printf("行数错误! \n");
    else
    {
       for(r=1;r<=(n+1)/2;r++)
       {
            for(c=1;c<=n-r;c++)
                 printf(" ");
            for(c=1;c<=2*r-1;c++)
                 printf("*");
            printf("\n");
       }
       for(r=1;r<=(n-1)/2;r++)
       {
            for(c=1;c<=n/2+r;c++)
                 printf(" ");
            for(c=1;c<=n-2*r;c++)
                 printf("*");
            printf("\n");
       }
   }
   return 0;
}
```

（8）编制程序打印如图 4-15 所示图案（考虑将输出的行数由输入的值来控制）。

图 4-15　第（8）题图案

参考程序：

```
#include <stdio.h>
int main()
{
    int n,r,c;
    char ch='A';
    printf(" 请输入行数: ");
    scanf("%d",&n);
    if(n<0)
        printf(" 行数错误！ \n");
    else
    {
       for(r=1;r<=n;r++)
        {
            for(c=1;c<=2*r-1;c++)
                printf("%c",ch);
            printf("\n");
            ch++;
        }
    }
    return 0;
}
```

（9）编程打印如图 4-16 所示图案（考虑将输出的行数由输入的值来控制）。

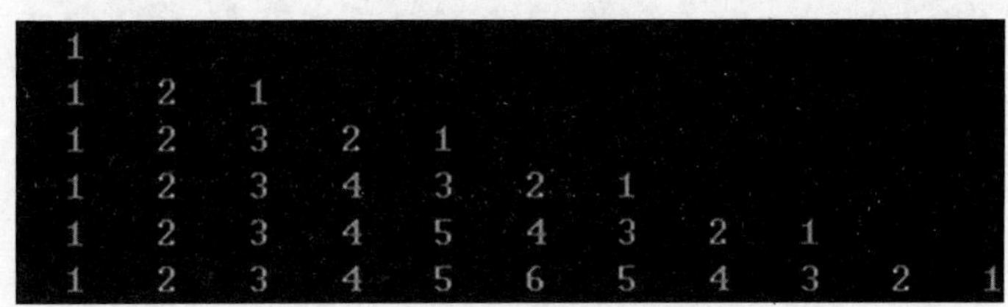

图 4-16　第（9）题图案

参考程序：

```
#include <stdio.h>
#define N 50
int main()
{
    int n,r,c;
    printf(" 请输入行数: ");
    scanf("%d",&n);
    if(n<0)
        printf(" 行数错误！ \n");
    else
    {
        for(r=1;r<=n;r++)
        {
            for(c=1;c<=r;c++)
```

```
                printf("%4d",c);
            for(c=r+1;c<=2*r-1;c++)
                printf("%4d",2*r-c);
            printf("\n");
        }
    }
    return 0;
}
```

（10）编程打印如图 4-17 所示图案（考虑将输出的行数由输入的值来控制）。

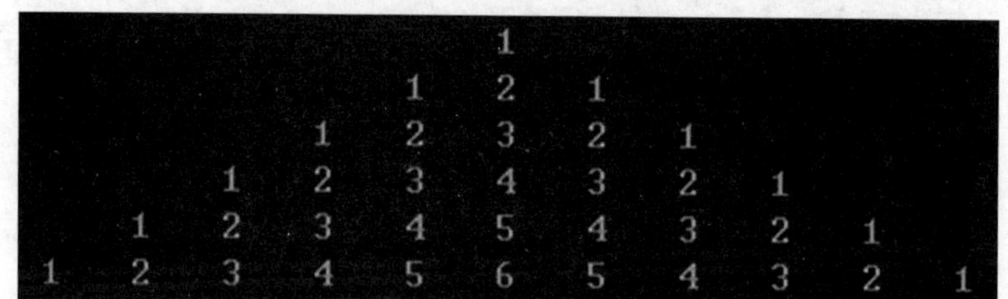

图 4-17　第（10）题图案

参考程序：

```
#include <stdio.h>
#define N 50
int main()
{
    int n,r,c;
    printf("请输入行数: ");
    scanf("%d",&n);
    if(n<0)
        printf("行数错误! \n");
    else
    {
        for(r=1;r<=n;r++)
        {
            for(c=1;c<=n-r;c++)
                printf("%4s"," ");
            for(c=1;c<=r;c++)
                printf("%4d",c);
            for(c=r+1;c<=2*r-1;c++)
                printf("%4d",2*r-c);
            printf("\n");
        }
    }
    return 0;
}
```

（11）编程打印如图 4-18 所示图案（考虑将输出的行数由输入的值来控制）：

```
1   2   3   4   5   6   5   4   3   2   1
    1   2   3   4   5   4   3   2   1
        1   2   3   4   3   2   1
            1   2   3   2   1
                1   2   1
                    1
```

图 4-18　第（11）题图案

参考程序：

```
#include <stdio.h>
#define N 50
int main()
{
    int n,r,c;
    printf("请输入行数: ");
    scanf("%d",&n);
    if(n<0)
       printf("行数错误! \n");
    else
    {
       for(r=n;r>=1;r--)
       {
            for(c=1;c<=n-r;c++)
                 printf("%4s"," ");
            for(c=1;c<=r;c++)
                 printf("%4d",c);
            for(c=r+1;c<=2*r-1;c++)
                 printf("%4d",2*r-c);
            printf("\n");
       }
    }
    return 0;
}
```

（12）编程打印如图 4-19 所示图案（考虑将输出的行数由输入的值来控制）。

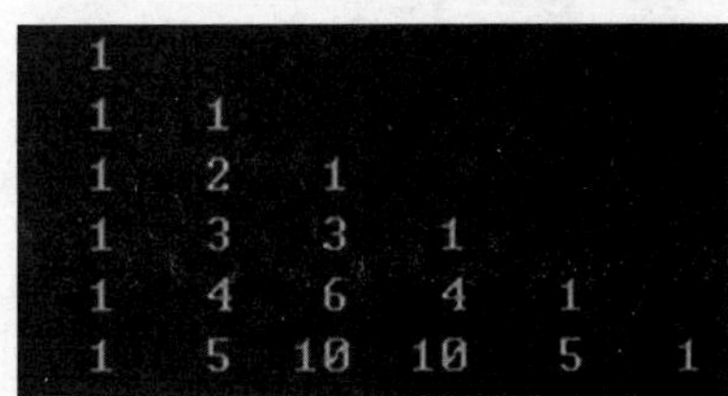

图 4-19　第（12）题图案

参考程序：

```
#include <stdio.h>
#define N 50
int main()
```

```
{
    int n,r,c,a[N+1][N+1];
    printf("请输入行数: ");
    scanf("%d",&n);
    if(n<0)
        printf("行数错误! \n");
    else
    {
        for(r=1;r<=n;r++)
            a[r][1]=a[r][r]=1;
        for(r=2;r<=n;r++)
            for(c=2;c<=r-1;c++)
                a[r][c]=a[r-1][c-1]+a[r-1][c];
        for(r=1;r<=n;r++)
        {
            for(c=1;c<=r;c++)
                printf("%4d",a[r][c]);
            printf("\n");
        }
    }
    return 0;
}
```

（13）编程打印如图 4-20 所示图案（考虑将输出的行数由输入的值来控制）。

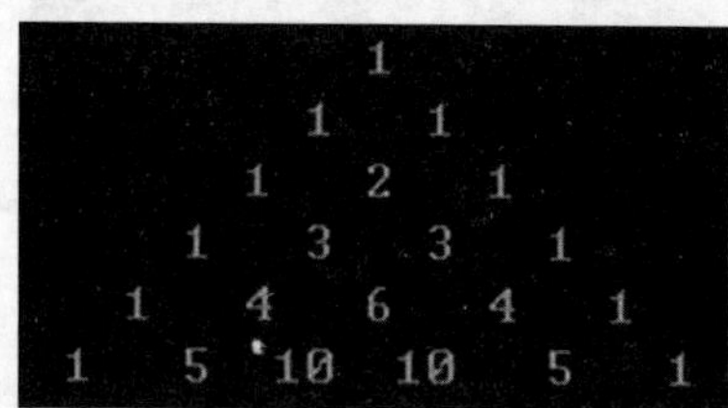

图 4-20　第（13）题图案

参考程序：

```
#include <stdio.h>
#define N 50
int main()
{
    int n,r,c,a[N+1][N+1];
    printf("请输入行数: ");
    scanf("%d",&n);
    if(n<0)
        printf("行数错误! \n");
    else
    {
        for(r=1;r<=n;r++)
            a[r][1]=a[r][r]=1;
        for(r=2;r<=n;r++)
            for(c=2;c<=r-1;c++)
```

```
                a[r][c]=a[r-1][c-1]+a[r-1][c];
        for(r=1;r<=n;r++)
        {
            for(c=1;c<=n-r;c++)
                printf("%2s"," ");
            for(c=1;c<=r;c++)
                printf("%4d",a[r][c]);
            printf("\n");
        }
    }
    return 0;
}
```

(14) 输入一个大写字母打印菱形。菱形中间一行由该字母组成，相邻的各行由前面的字母依次组成，直到字母A出现在第一行和最末行为止。例如，输入字母D，输出图案如图4-21所示。

图 4-21　第（14）题图案

参考程序：

```
#include <stdio.h>
int main()
{
    int n,r,c;
    char ch='A';
    printf("请输入行数（必须为单数）：");
    scanf("%d",&n);
    if((n<0) || (n%2==0))
        printf("行数错误! \n");
    else
    {
        for(r=1;r<=(n+1)/2;r++)
        {
            for(c=1;c<=n-r;c++)
                printf(" ");
            for(c=1;c<=2*r-1;c++)
                printf("%c",ch);
            printf("\n");
            ch++;
        }
        ch=ch-2;
        for(r=1;r<=(n-1)/2;r++)
        {
```

```
            for(c=1;c<=n/2+r;c++)
                printf(" ");
            for(c=1;c<=n-2*r;c++)
                printf("%c",ch);
            printf("\n");
            ch--;
        }
    }
    return 0;
}
```

(15) 螺旋矩阵，输出图案如图 4-22 所示。

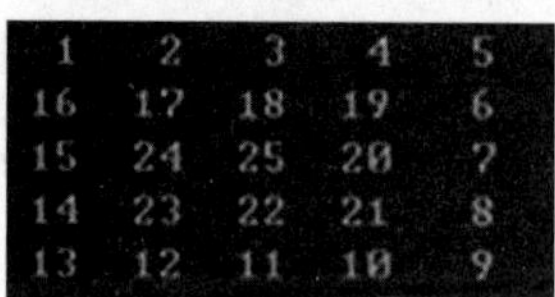

图 4-22　第（15）题图案

参考程序：

```
#include <stdio.h>
#include <stdlib.h>
#define N 18
int main()
{
    int i,j,k,n,count=0,a[N+1][N+1];
    do
    {
        printf("\n请输入矩阵规模(1 - - %d): ",N);
        scanf("%d",&n);
    }while((n<1)||(n>N));
    for(k=1;k<=(n+1)/2;k++)
    {
        for(j=k;j<=n-k;j++)
            a[k][j]=++count;
        for(i=k;i<=n-k+1;i++)
            a[i][n-k+1]=++count;
        for(j=n-k;j>=k;j--)
            a[n-k+1][j]=++count;
        for(i=n-k;i>k;i--)
            a[i][k]=++count;
    }
    for(j=1;j<=n;j++)
        a[0][j]=j;
    for(i=1;i<=n;i++)
        a[i][0]=i;
    printf("\n螺旋矩阵如下: \n\n");
    for(i=0;i<=n;i++)
    {
```

```
        for(j=0;j<=n;j++)
            if((i==0)&&(j==0))
                printf(" *");
            else
                printf("%4d",a[i][j]);
        printf("\n");
    }
    printf("\n\n");
    system("pause");
    return 0;
}
```

(16) 回形矩阵，输出图案如图 4-23 所示。

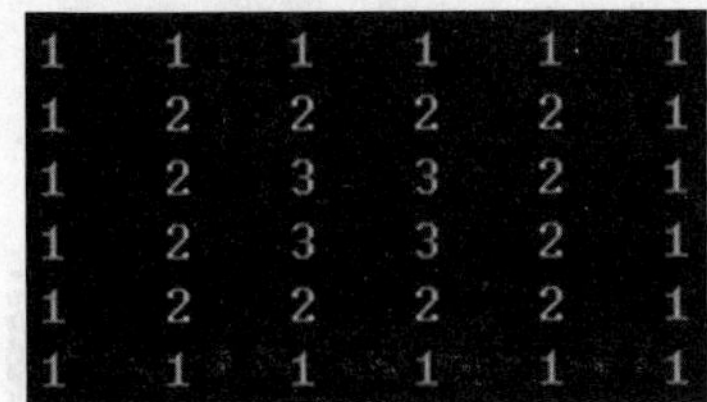

图 4-23 第（16）题图案

参考程序：

```
#include <stdio.h>
#include <stdlib.h>
#define N 18
int main()
{
    int i,j,k,n,count=1,a[N+1][N+1];
    do
    {
        printf("\n请输入矩阵规模(1 - - %d): ",N);
        scanf("%d",&n);
    }while((n<1)||(n>N));
    for(k=1;k<=(n+1)/2;k++)
    {
        for(j=n-k+1;j>=k;j--)
            a[k][j]=count;
        for(i=k+1;i<=n-k;i++)
            a[i][k]=count;
        for(j=k;j<=n-k;j++)
            a[n-k+1][j]=count;
        for(i=n-k+1;i>=k+1;i--)
            a[i][n-k+1]=count;
        count++;
    }
    for(j=1;j<=n;j++)
        a[0][j]=j;
    for(i=1;i<=n;i++)
```

```
        a[i][0]=i;
    printf("\n 矩阵如下: \n\n");
    for(i=0;i<=n;i++)
    {
        for(j=0;j<=n;j++)
            if((i==0)&&(j==0))
                printf("%4s","*");
            else
                printf("%4d",a[i][j]);
        printf("\n");
    }
    printf("\n\n");
    system("pause");
    return 0;
}
```

（17）蛇形矩阵，输出图案如图 4-24 所示。

1	2	6	7	15	16
3	5	8	14	17	26
4	9	13	18	25	27
10	12	19	24	28	33
11	20	23	29	32	34
21	22	30	31	35	36

图 4-24　第（17）题图案

参考程序：

```
#include <stdio.h>
#include <stdlib.h>
#define N 18
int main()
{
    int i,j,k,n,count=1,a[N+1][N+1];
    do
    {
        printf("\n 请输入矩阵规模(1 -- %d): ",N);
        scanf("%d",&n);
    }while((n<1)||(n>N));
    //生成左斜上三角形
    for(k=1;k<=n;k++)
        if(k%2==0)
            for(i=1,j=k;i<=k;i++,j--)
                a[i][j]=count++;
        else
            for(j=1,i=k;j<=k;j++,i--)
                a[i][j]=count++;
    //生成右斜下三角形
    if(n%2==0)          //偶数阶矩阵
        for(k=2;k<=n;k++)
            if(k%2==0)
```

```
                for(i=n,j=k;i>=k;i--,j++)
                    a[i][j]=count++;
            else
                for(j=n,i=k;j>=k;j--,i++)
                    a[i][j]=count++;
    else                            //奇数阶矩阵
        for(k=2;k<=n;k++)
            if(k%2==0)
                for(j=n,i=k;j>=k;j--,i++)
                    a[i][j]=count++;
            else
                for(i=n,j=k;i>=k;i--,j++)
                    a[i][j]=count++;
    for(j=1;j<=n;j++)
        a[0][j]=j;
    for(i=1;i<=n;i++)
        a[i][0]=i;
    printf("\n矩阵如下: \n\n");
    for(i=0;i<=n;i++)
    {
        for(j=0;j<=n;j++)
            if((i==0)&&(j==0))
                printf("%4s","*");
            else
                printf("%4d",a[i][j]);
        printf("\n");
    }
    printf("\n\n");
    system("pause");
    return 0;
}
```

三、实验要求

(1) 写出所有程序，运行调试，验证结果。

(2) 总结各类图形类程序设计技巧。

实验 25 函数求解类算法

一、实验目的

掌握编程求方程根的几种常见方法。

二、实验内容

编写程序求方程 $2\sin(x)-x=0$ 在 $x=1$ 附近的根，精确到 0.00001。

1. 二分法

使方程 $f(x)=0$ 成立的实数称为方程的根（零点）。关于方程的根有以下说明：

方程 $f(x)=0$ 有实数根⇔函数 $y=f(x)$ 的图像与 x 轴有交点⇔函数 $y=f(x)$ 有零点。

对于区间 $[a, b]$ 上连续不断，且 $f(a)f(b)<0$ 的函数 $y=f(x)$（见图 4-25），通过不断地把函数 $f(x)$ 的零点所在的区间一分为二，使区间的两个端点逐步逼近零点，进而得到零点近似值的方法称为二分法。

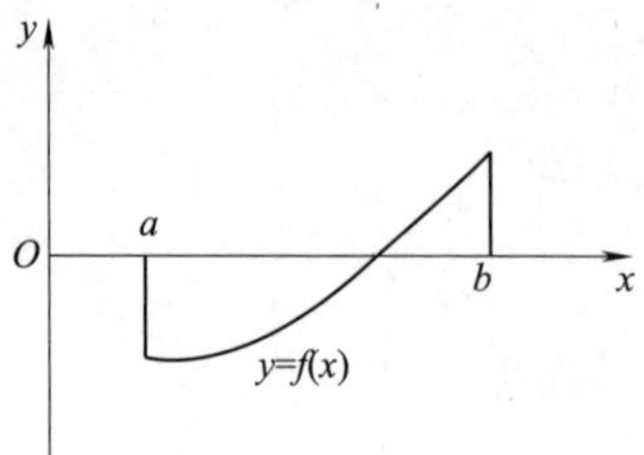

图 4-25　二分法图示

过程如图 4-26 所示。

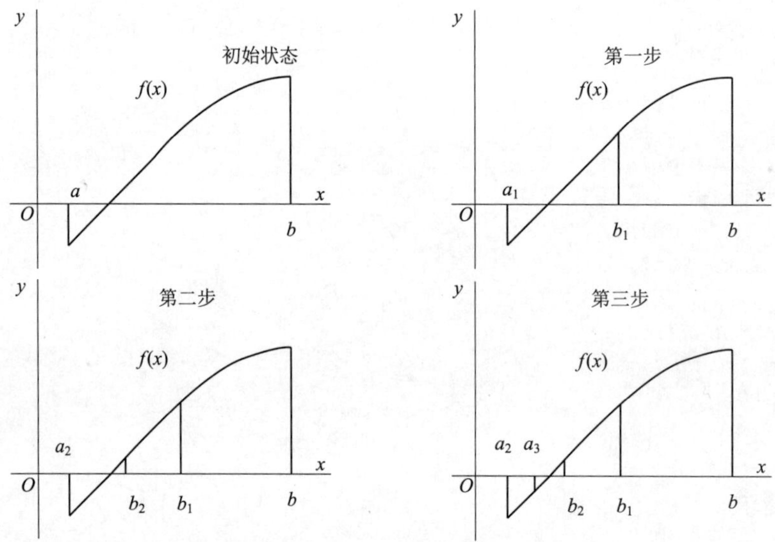

图 4-26　二分法过程

给定精确度ε，用二分法求函数 $f(x)$ 零点近似解的基本步骤如下：

（1）确定区间 $[a, b]$，验证，给定精确度 ε；

（2）求区间 (a, b) 的中点；

（3）计算 $f(x_1)$。

若 $f(a)\cdot f(x_1)<0$，则令 $b=x_1$，此时零点 $x_0\in(a,x_1)$。

否则令 $a=x_1$，(此时零点 $x_0\in(x_1,b)$。

（4）判断是否达到精确度ε：若达到，则得到零点近似值为 a(或 b)；否则重复第(2)～(4)步。

参考程序：

```
#include <stdio.h>
#include <math.h>
```

```
double f(double x)
{
    return 2*sin(x)-x;
}
int main()
{
    //a、b分别存放区间下界及上界，x1存放区间中点，fa、fb、fx1分别存放对应各点函数值
    //jqd存放精确度值
    double a=0.1,b=2,x1,fa,fb,fx1,jqd=0.00001;
    int count=0;        //统计迭代次数
    fa=f(a);
    fb=f(b);
    if(fa*fb==0)
        if(fa==0)
            printf("方程根为: %f\n",a);
        else
            printf("方程根为: %f\n",b);
    else
        if(fa*fb>0)
            printf("所给定的范围[%f,%f]内不能保证有实根\n",a,b);
        else
        {
            while(b-a>jqd)
            {
                count++;
                x1=(a+b)/2;
                fa=f(a);
                fx1=f(x1);
                if(fx1==0)
                {
                    b=x1;
                    a=x1;
                }
                else
                    if(fa*fx1<0)
                        b=x1;
                    else
                        a=x1;
            }
            printf("方程根为: %f，迭代次数: %d次! \n",x1,count);
        }
    return 0;
}
```

2. 牛顿迭代法

设 r 是 $f(x)=0$ 的根，选取 x_0 作为 r 初始近似值，过点 $[x_0, f(x_0)]$ 做曲线 $y=f(x)$ 的切线 L，L 的方程为 $y=f(x_0)+f'(x_0)(x-x_0)$，求出 L 与 x 轴交点的横坐标 $x_1=x_0-f(x_0)/f'(x_0)$，称 x_1 为 r 的一次近似值。

过点 $[x_1, f(x_1)]$ 做曲线 $y=f(x)$ 的切线（见图 4-27），并求该切线与 x 轴交点的横坐标 $x_2=x_1-f(x_1)/f'(x_1)$，称 x_2 为 r 的二次近似值。重复以上过程，得 r 的近似值序列，其中 $x(n+1)=x(n)-f(x(n))/f'(x(n))$ 称为 r 的 $n+1$ 次近似值，即牛顿迭代公式。

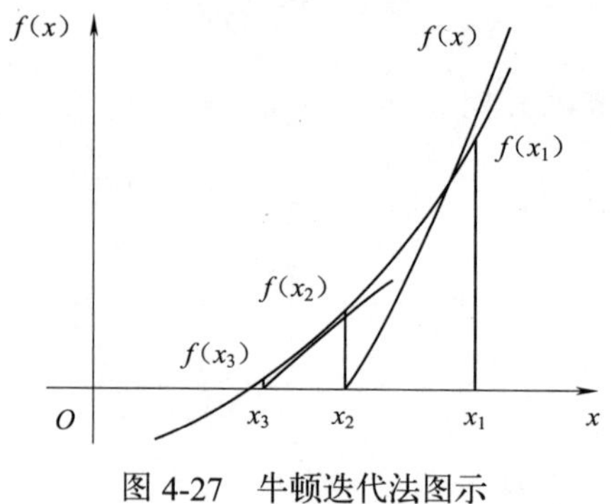

图 4-27　牛顿迭代法图示

参考程序：

```
#include <stdio.h>
#include <math.h>
int main()
{
    double x0=1.99,x1,oldx0;
    do
    {
        x1=x0-(2*sin(x0)-x0)/(2*cos(x0)-1);
        oldx0=x0;
        x0=x1;
    }while(fabs(x1-oldx0)>=0.00001);
    printf("方程近似根为: %.10f\n",x1);
    return 0;
}
```

3. 弦截法

弦截法是一种求方程根的基本方法，在计算机编程中经常用到。思路如下：

任取两个数 x_1、x_2，求得对应的函数值 $f(x_1)$、$f(x_2)$。如果两函数值同号，则重新取数，直到这两个函数值异号为止。连接 $[x_1, f(x_1)]$ 与 $[x_2, f(x_2)]$ 这两点形成一条直线，则此直线方程如下：

$$\frac{f(x_2)-f(x_1)}{x_2-x_1}=\frac{f(x)-f(x_2)}{x-x_2}$$

此直线与 x 轴相交于一点 $(x, 0)$，根据上式计算可得 x 的计算公式如下：

$$x=\frac{x_1 f(x_2)-x_2 f(x_1)}{f(x_2)-f(x_1)}$$

求得对应的 $f(x)$，判断其与 $f(x_1)$、$f(x_2)$ 中的哪个值同号。若 $f(x)$ 与 $f(x_1)$ 同号，则 x 为新的 x_1，否则 x 为新的 x_2。将新的 $[x_1, f(x_1)]$ 与 $[x_2, f(x_2)]$ 连接，如此循环，直至区间足够小为止，如图 4-28 所示。

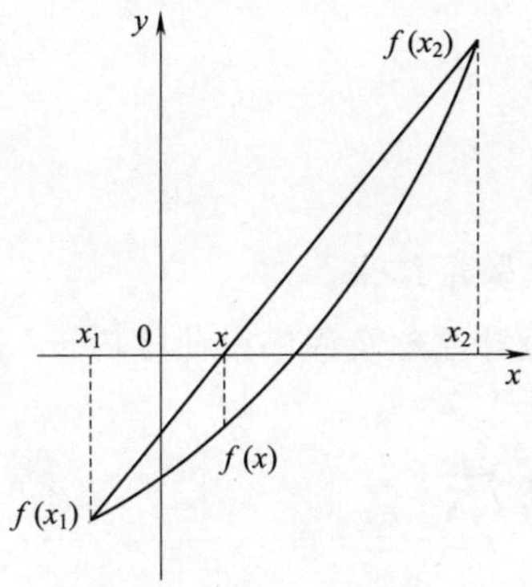

图 4-28　弦截法图示

参考程序：

```
#include <stdio.h>
#include <math.h>
double f(double x)
{
    return 2*sin(x)-x;
}
//计算与 x 轴交点的 x 值
double point(double x1,double x2)
{
    return (x1*f(x2)-x2*f(x1))/(f(x2)-f(x1));
}
int main()
{
    //输入两个数 x1,x2
    double x1=0.1,x2=2.0,x,jqd=0.00001;
    do
    {
        printf("输入两个数 x1,x2:");
        scanf("%lf%lf",&x1,&x2);
    }
    while(f(x1)*f(x2)>=0);    //当输入两个数大于 0 为真时，继续重新输入
    //关键循环步骤:
    do
    {
        x=point(x1,x2);       //得到交点的值
        if(f(x)*f(x1)>0)
            x1=x;             //新的 x1
        else
            x2=x;             //新的 x2
    }while (fabs(f(x))>jqd);
    printf("一个解为 %f\n",x);
    return 0;
}
```

三、实验要求

（1）编程求下面方程的根

$$3^x-7x=8$$

（2）写出所有程序，运行调试，验证结果。

（3）总结函数求解各类算法的设计原理及程序设计技巧。

实验 26 行业应用算法

一、实验目的

以编程方式解决行业问题。

二、实验内容

1. 画相电压和线电压的波形图

三相电路中，电源基本上为三相对称电源，只要已知其中某相电压，即可求得其他两相相电压和线电压及相电压与对应线电压之间的大小对应关系和相位关系。若能够分别画出相电压和线电压的波形图，会更形象和容易理解，但手绘图有困难，工作量太大，可通过编程来实现。

假设三相对称电源的相电压分别为 U_a、U_b、U_c，线电压分别为 U_{ab}、U_{bc}、U_{ca}。已知，$U_a=\sqrt{2}U_p\sin\omega t$ 求 U_b、U_c、U_{ab}、U_{bc}、U_{ca} 的表达式，并绘出相电压和线电压波形。

分析：对称相电压之间大小相等，相位相差 120°，则有

$$U_b=\sqrt{2}U_p\sin(\omega t-120^\circ)$$

$$U_c=\sqrt{2}U_p\sin(\omega t-120^\circ-120^\circ)=\sqrt{2}U_p\sin(\omega t+120^\circ)$$

$$U_{ab}=U_a-U_b=\sqrt{2}U_p\sin(\omega t)-\sqrt{2}U_p\sin(\omega t-120^\circ)=\sqrt{3}U_a<30^\circ=\sqrt{6}U_p\sin(\omega t+30^\circ)$$

线电压之间也是对称的，幅值相等，相位相差 120°，故

$$U_{bc}=U_b-U_c=\sqrt{6}U_p\sin(\omega t-90^\circ)$$

$$U_{ca}=U_c-U_a=\sqrt{6}U_p\sin(\omega t-210^\circ)$$

通过上面的分析计算可得到相电压与线电压之间的关系。以 U_a 与 U_{ab} 为例，可看出：$U_{ab}=\sqrt{3}U_a<30^\circ$，即线电压 U_{ab} 的幅值为相电压 U_a 的 $\sqrt{3}$ 倍，相位超前 30°。

若用 U_l 表示线电压，U_p 表示相电压，则有 $U_l=\sqrt{3}U_p<30^\circ$。

通过编程实现上述计算，绘出相电压和线电压波形图，观察它们之间的大小和相位关系。

参考程序：

```
#include <math.h>
#include <graphics.h>
#define PAI 3.14
#define DELAYTIME 1      //延迟时间，以便实现动画效果
#define ZQS  4           //要绘制的图像的周期数
#define FDBS 100         //要绘制的图像的放大倍数
```

```
int main()
{
    double up,ua,ub,uc,uab,ubc,uca,omg,t;
    int x,y,width,height,margin=60;         //margin 为页面边距
    omg=3;
    up=110;
    height=(int)(sqrt(6)*up);
    width=int(2*PAI/omg*FDBS*ZQS);

    initgraph(width+2*margin,2*height+2*margin);// 初始化为图形模式，指定宽度及高度
    setorigin(margin,height+margin);        // 设置逻辑坐标原点

    for(t=0;t<=width+margin/2;t++)          // 绘制横坐标
    {
        x=int(t);
        y=0;
        putpixel(x,y,WHITE);
    }
    for(t=width+margin/3,y=margin/6;t<=width+margin/2;t++)      // 绘制横坐标箭头
    {
        x=int(t);
        putpixel(x,-y,WHITE);
        putpixel(x,y,WHITE);
        y--;
    }
    for(t=-height-margin/2;t<=height+margin/2;t++)              // 绘制纵坐标
    {
        x=0;
        y=int(t);
        putpixel(x,y,WHITE);
    }
    for(t=-height-margin/3,x=margin/6;t>=-height-margin/2;t--) // 绘制纵坐标箭头
    {
        y=int(t);
        putpixel(-x,y,WHITE);
        putpixel(x,y,WHITE);
        x--;
    }
    Sleep(1000);
    // 输出图像。C 语言中图像纵坐标越向下越大，与现实刚好相反，因此将纵坐标取反
    for(t=0;t<=(2*PAI/omg*ZQS);t+=0.001)
    {
        ua=sqrt(2)*up*sin(omg*t);
        ub=sqrt(2)*up*sin(omg*t-PAI*120/180);
        uc=sqrt(2)*up*sin(omg*t+PAI*120/180);
        uab=sqrt(6)*up*sin(omg*t+PAI*30/180);
        ubc=sqrt(6)*up*sin(omg*t-PAI*90/180);
        uca=sqrt(6)*up*sin(omg*t-PAI*210/180);
        x=int(t*FDBS+0.5);                  // 四舍五入并取整
        y=-int(ua+0.5);                     // 四舍五入并取整
```

```
        putpixel(x,y,RED);
        y=-int(ub+0.5);
        putpixel(x,y,LIGHTGREEN);
        y=-int(uc+0.5);
        putpixel(x,y,YELLOW);
        y=-int(uab+0.5);
        putpixel(x,y,GREEN);
        y=-int(ubc+0.5);
        putpixel(x,y,CYAN);
        y=-int(uca+0.5);
        putpixel(x,y,MAGENTA);
        Sleep(DELAYTIME);
    }
    system("pause");
    closegraph();
    return 0;
}
```

说明：①此程序需要安装 EasyX 工具包以支持图形编程；② C 语言中三角函数的单位是弧度。程序运行结果如图 4-29 所示。

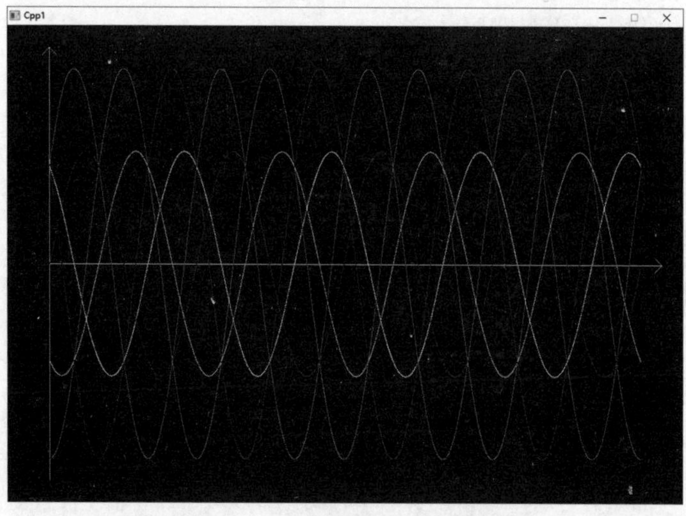

图 4-29　相电压和线电压波形图

2. 矩阵加减法的实现

设矩阵$\boldsymbol{A}=\begin{pmatrix} a_{11} & a_{12} & \cdots & a_{1n} \\ a_{21} & a_{22} & \cdots & a_{2n} \\ \cdots & \cdots & \cdots & \cdots \\ a_{m1} & a_{m2} & \cdots & a_{mn} \end{pmatrix}$，$\boldsymbol{B}=\begin{pmatrix} b_{11} & b_{12} & \cdots & b_{1n} \\ b_{21} & b_{22} & \cdots & b_{2n} \\ \cdots & \cdots & \cdots & \cdots \\ b_{m1} & b_{m2} & \cdots & b_{mn} \end{pmatrix}$，则有

$\boldsymbol{A}\pm\boldsymbol{B}=\begin{pmatrix} a_{11}\pm b_{11} & a_{12}\pm b_{12} & \cdots & a_{1n}\pm b_{1n} \\ a_{21}\pm b_{21} & a_{22}\pm b_{22} & \cdots & a_{2n}\pm b_{2n} \\ \cdots & \cdots & \cdots & \cdots \\ a_{m1}\pm b_{m1} & a_{m2}\pm b_{m2} & \cdots & a_{mn}\pm b_{mn} \end{pmatrix}$。按此运算规则，编程序输入两个$m\times n$的矩阵，实现矩阵的加减法功能。

参考程序：

```
#include <stdio.h>
#define MAXMN 10         //矩阵的最大行数及列数
//输入矩阵，其中 m 和 n 分别为行数及列数
void input(double a[MAXMN][MAXMN],int m,int n)
{
    int i,j;

    printf("请按行输入矩阵数据: \n");
    for(i=1;i<=m;i++)
    {
        printf("Line.%2d:",i);
        for(j=1;j<=n;j++)
            scanf("%lf",&a[i][j]);
    }
}
//输出矩阵，其中 m 和 n 分别为行数及列数
void output(double a[MAXMN][MAXMN],int m,int n)
{
    int i,j;
    for(i=1;i<=m;i++)
    {
        for(j=1;j<=n;j++)
            printf("%8.2lf",a[i][j]);
        printf("\n");
    }
}
//矩阵加减运算，其中 a、b、c 分别存放原始及结果矩阵的值，m 和 n 分别为行数及列数
//t 为 0 加法，其他值为减法
void add_sub(double a[MAXMN][MAXMN],double b[MAXMN][MAXMN],double c[MAXMN][MAXMN],
int m,int n,int t)
{
    int i,j;
    for(i=1;i<=m;i++)
    {
        for(j=1;j<=n;j++)
            if(t==0)
                c[i][j]=a[i][j]+b[i][j];
            else
                c[i][j]=a[i][j]-b[i][j];
    }
}
int main()
{
    int m=0,n=0,xz=1;
    double a[MAXMN][MAXMN],b[MAXMN][MAXMN],c[MAXMN][MAXMN];
    do
    {
        printf("1-原始矩阵输入     2 -查看原始矩阵     3 -矩阵加法     4 -矩阵减法
```

```
0 - 退出 \n 请选择: ");
        scanf("%d",&xz);
        switch(xz)
        {
            case 1:
                do
                {
                    printf("请输入矩阵行数(1 - - %d): ",MAXMN);
                    scanf("%d",&m);
                }while(m<1 || m>MAXMN);
                do
                {
                    printf("请输入矩阵列数(1 - - %d): ",MAXMN);
                    scanf("%d",&n);
                }while(n<1 || n>MAXMN);
                printf("请输入第一个矩阵数据: \n");
                input(a,m,n);
                printf("请输入第二个矩阵数据: \n");
                input(b,m,n);
                break;
            case 2:
                printf("第一个矩阵数据: \n");
                output(a,m,n);
                printf("第二个矩阵数据: \n");
                output(b,m,n);
                break;
            case 3:
                add_sub(a,b,c,m,n,0);
                printf("相加结果矩阵数据: \n");
                output(c,m,n);
                break;
            case 4:
                add_sub(a,b,c,m,n,1);
                printf("相减结果矩阵数据: \n");
                output(c,m,n);
                break;
            case 0:
                printf("End\n");
                break;
        }
    }while(xz!=0);
    return 0;
}
```

3. 矩阵乘法的实现

设 $\boldsymbol{A}=(a_{ij})_{m\times s}$，$\boldsymbol{B}=(b_{ij})_{s\times n}$，则 $\boldsymbol{A}$ 与 $\boldsymbol{B}$ 的乘积 $\boldsymbol{C}=\boldsymbol{AB}$ 是这样一个矩阵：

（1）行数与（左矩阵）$\boldsymbol{A}$ 相同，列数与（右矩阵）$\boldsymbol{B}$ 相同，即 $\boldsymbol{C}=(c_{ij})_{m\times n}$。

（2）$\boldsymbol{C}$ 的第 i 行第 j 列的元素 c_{ij} 由的第 i 行元素与的第 j 列元素对应相乘，再取乘积之和，即 $c_{ij}=a_{i1}b_{1j}+a_{i2}b_{2j}+\cdots+a_{is}b_{sj}=\sum_{t=1}^{s}a_{it}b_{tj}$。

根据上述规则，编程实现两矩阵的乘法运算。

参考程序：

```
#include <stdio.h>
#define MAXMN 10        //矩阵的最大行数及列数
//输入矩阵，其中m和n分别为行数及列数
void input(double a[MAXMN][MAXMN],int m,int n)
{
    int i,j;
    printf("请按行输入矩阵数据：\n");
    for(i=1;i<=m;i++)
    {
        printf("Line.%2d:",i);
        for(j=1;j<=n;j++)
            scanf("%lf",&a[i][j]);
    }
}
//输出矩阵，其中m和n分别为行数及列数
void output(double a[MAXMN][MAXMN],int m,int n)
{
    int i,j;
    for(i=1;i<=m;i++)
    {
        for(j=1;j<=n;j++)
            printf("%8.2lf",a[i][j]);
        printf("\n");
    }
}
//矩阵乘法运算，其中a、b、c分别存放原始及结果矩阵的值，m、s和n分别为行数及列数
void multiply(double a[MAXMN][MAXMN],double b[MAXMN][MAXMN],double c[MAXMN][MAXMN],
int m,int s,int n)
{
    int i,j,t;
    for(i=1;i<=m;i++)
        for(j=1;j<=n;j++)
        {
            c[i][j]=0;
            for(t=1;t<=s;t++)
                c[i][j]+=a[i][t]*b[t][j];
        }
}
int main()
{
    int m=0,n=0,s=0,xz=1;
    double a[MAXMN][MAXMN],b[MAXMN][MAXMN],c[MAXMN][MAXMN];
    do
    {
        printf("1-原始矩阵输入   2 -查看原始矩阵   3 -矩阵乘法   0 -退出\n请选择：");
        scanf("%d",&xz);
        switch(xz)
```

```
        {
            case 1:
                do
                {
                    printf("请输入第一个矩阵行数(1--%d):",MAXMN);
                    scanf("%d",&m);
                }while(m<1 || m>MAXMN);
                do
                {
                    printf("请输入第一个矩阵列数(同时为第二个矩阵行数,1--%d):",MAXMN);
                    scanf("%d",&s);
                }while(s<1 || s>MAXMN);
                do
                {
                    printf("请输入第二个矩阵列数(1--%d):",MAXMN);
                    scanf("%d",&n);
                }while(n<1 || n>MAXMN);
                printf("请输入第一个矩阵数据:\n");
                input(a,m,s);
                printf("请输入第二个矩阵数据:\n");
                input(b,s,n);
                break;
            case 2:
                printf("第一个矩阵数据:\n");
                output(a,m,s);
                printf("第二个矩阵数据:\n");
                output(b,s,n);
                break;
            case 3:
                multiply(a,b,c,m,s,n);
                printf("相乘结果矩阵数据:\n");
                output(c,m,n);
                break;
            case 0:
                printf("End\n");
                break;
        }
    }while(xz!=0);
    return 0;
}
```

4. 机械原理课程设计

机械原理课程设计的大量计算工作，主要集中在对设计出的机构进行运动分析。利用机械原理课程中讲述的解析法，可以一步一步地推导出机构各构件的运动解析计算式，再用相关工具就可完成运动分析工作。

已知图 4-30 所示曲柄滑块机构，l_1=30 mm，l_2=100 mm，ω_1=1 rad/s(匀速、逆时针)，试求 φ_2、ω_2、ε_2 和 s_3、v_3、a_3，并画出运动线图。

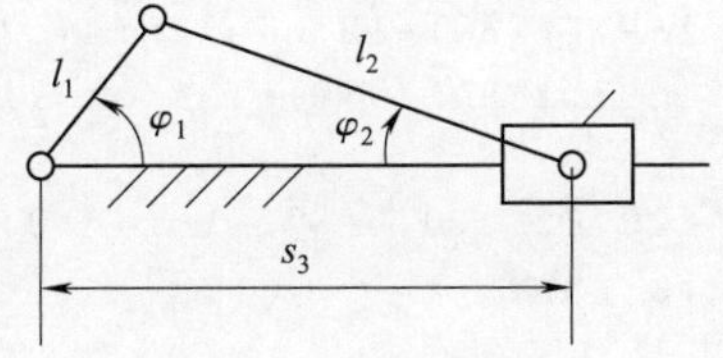

图 4-30　曲柄滑块机构

根据机械原理相关知识，经过推导可得出以下计算式：

$\lambda = l_1 / l_2$

$\varphi_2 = \arcsin(\lambda \sin\varphi_1)$

$\omega_2 = \omega_1 \lambda \cos\varphi_1 / \cos\varphi_2$

$\varepsilon_2 = (\omega_2^2 \sin\varphi_2 - \lambda\omega_1^2 \sin\varphi_1) / \cos\varphi_2$

$s_3 = l_1 \cos\varphi_1 + l_2 \cos\varphi_2$

$v_3 = -l_1\omega_1 \sin\varphi_1 - l_2\omega_2 \sin\varphi_2$

$a_3 = -l_1\omega_1^2 \cos\varphi_1 - l_2(\omega_2^2 \cos\varphi_2 + \varepsilon_2 \sin\varphi_2)$

参考程序：

```
#include <stdio.h>
#include <stdlib.h>
#include <math.h>
#include <graphics.h>
#define PAI 3.14159265
#define DELAYTIME 1
#define ZQS  2                        //要绘制的图像的周期数
#define STEP 1
int main()
{
    double l1,l2;
    double omg1,omg2;                 //ω1 和 ω2
    double epsl2;                     //ε2
    double p1,p2;                     //φ1 和 φ2
    double s3,v3,a3;
    double lmd;                       //λ
    int t,x,y,width,height,margin=60;       //margin 为页面边距
    height=0;
    width=360*ZQS;
    omg1=1;
    l1=30;
    l2=100;
    lmd=l1/l2;
    //先计算一遍，找出最大高度
    for(p1=0;p1<=360;p1+=STEP)
    {
        p2=asin(lmd*sin(p1*PAI/180));
        omg2=omg1*lmd*cos(p1*PAI/180)/cos(p2*PAI/180);
        epsl2=(omg2*omg2*sin(p2*PAI/180)-lmd*omg1*omg1*sin(p1*PAI/180))/cos(p2*PAI/180);
        s3=l1*cos(p1*PAI/180)+l2*cos(p2*PAI/180);
```

```
        v3=-l1*omg1*sin(p1*PAI/180)-l2*omg2*sin(p2*PAI/180);
        a3=-l1*omg1*omg1*cos(p1*PAI/180)-l2*(omg2*omg2*cos(p2*PAI/180)+epsl2*
sin(p2*PAI/180));
        //printf("%10.6f %10.6f %10.6f %10.6f %10.6f %10.6f %10.6f %10d %10d\
n",p1,p2,omg2,epsl2,s3,v3,a3,x,y);
        if(fabs(s3)>height)
            height=(int)fabs(s3);
        if(fabs(v3)>height)
            height=(int)fabs(v3);
        if(fabs(a3)>height)
            height=(int)fabs(a3);
    }
    initgraph(width+2*margin,2*height+2*margin);// 初始化为图形模式，指定宽度及高度
    setorigin(margin,height+margin);      // 设置逻辑坐标原点

    for(t=0;t<=width+margin/2;t++)        // 绘制横坐标
    {
        x=int(t);
        y=0;
        putpixel(x,y,WHITE);
    }
    for(t=width+margin/3,y=margin/6;t<=width+margin/2;t++)      // 绘制横坐标箭头
    {
        x=int(t);
        putpixel(x,-y,WHITE);
        putpixel(x,y,WHITE);
        y--;
    }
    for(t=-height-margin/2;t<=height+margin/2;t++)              // 绘制纵坐标
    {
        x=0;
        y=int(t);
        putpixel(x,y,WHITE);
    }
    for(t=-height-margin/3,x=margin/6;t>=-height-margin/2;t--) // 绘制纵坐标箭头
    {
        y=int(t);
        putpixel(-x,y,WHITE);
        putpixel(x,y,WHITE);
        x--;
    }
    Sleep(1000);
    // 输出图像。C 语言中图像纵坐标越向下越大，与现实刚好相反，因此将纵坐标取反
    for(p1=0;p1<=360*ZQS;p1+=STEP)
    {
        p2=asin(lmd*sin(p1*PAI/180));
        omg2=omg1*lmd*cos(p1*PAI/180)/cos(p2*PAI/180);
        epsl2=(omg2*omg2*sin(p2*PAI/180)-lmd*omg1*omg1*sin(p1*PAI/180))/cos(p2*PAI/180);
        s3=l1*cos(p1*PAI/180)+l2*cos(p2*PAI/180);
        v3=-l1*omg1*sin(p1*PAI/180)-l2*omg2*sin(p2*PAI/180);
```

```
        a3=-l1*omg1*omg1*cos(p1*PAI/180)-l2*(omg2*omg2*cos(p2*PAI/180)+epsl2*sin(p2*PAI/180));
        x=(int)(p1);
        y=-(int)(s3);
        putpixel(x,y,GREEN);
        y=-(int)(v3);
        putpixel(x,y,RED);
        y=-(int)(a3);
        putpixel(x,y,YELLOW);
        Sleep(DELAYTIME);
    }
    system("pause");
    closegraph();
    return 0;
}
```

说明：①此程序需要安装 EasyX 工具包以支持图形编程；② C 语言中三角函数的单位是弧度。

程序运行结果如图 4-31 所示。

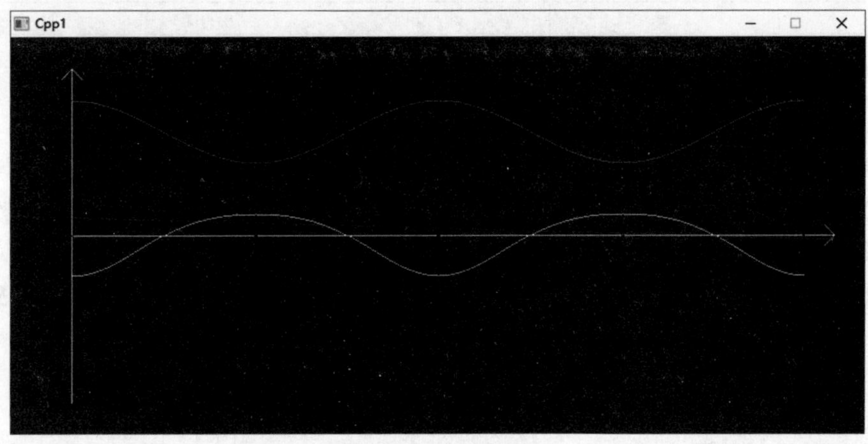

图 4-31　运动线图

5. 单循环赛制

单循环赛制是指所有参赛队在竞赛中均能相遇一次，最后按各队在竞赛中的得分多少、胜负场次来排列名次。单循环一般在参赛队不太多，又有足够的竞赛时间才能采用。

单循环由于参加竞赛的各队都有相遇比赛的机会，是一种比较公平合理的比赛制度。这种方法各队之间都有比赛的机会，有利于互相学习，共同提高，产生的结果较合理，基本上能反映出参赛各队或各个选手的真实水平。

它的特点是：场次多，比赛时间长。

轮次：各队普遍出场比赛一次称为“一轮”。循环赛每轮比赛场数是相等的。

计算轮数和比赛场数的意义在于：它使比赛组织者能够在筹备比赛时，根据场地数量，再计算出比赛轮数和场数，就可以推算出比赛需要多少天，以及需要多少裁判人员。

(1) 场数的计算：比赛场数＝队数 (队数 -1)/2。

(2) 轮数的计算：

队 (或队员) 为双数时，轮数＝队数 -1。

队（或队员）为单数时，轮数 = 队数。

(3) 比赛顺序的确定方法一般常用逆时针轮转法，先将 1 号固定不动，第一轮顺序是将半数参赛队的号码（由抽签决定的），由上向下依次写出排在左侧，再将另一半号码从下向上依次写在右侧，并用横线连接起来。第二轮顺序的轮转方法是：1 号固定不动，其他号码按逆时针方向轮转一个位置，即可排出。第三轮顺序按第二轮的轮转方法，逆时针轮转一个位置……依次类推，直至排出全部轮次的比赛顺序为止。

①参赛队为双数比赛秩序排法（以 6 队为例）：

第一轮			第二轮			第三轮			第四轮			第五轮		
1	–	6	1	–	5	1	–	4	1	–	3	1	–	2
2	–	5	6	–	4	5	–	3	4	–	2	3	–	6
3	–	4	2	–	3	6	–	2	5	–	6	4	–	5

②参赛队为单数比赛秩序排法（以 5 队为例）：当队数或人数为单数时，最后一位用“0”补成双数。和双数排法一样，其中到“0”者即为该场次轮空。

第一轮			第二轮			第三轮			第四轮			第五轮		
1	–	0	1	–	5	1	–	4	1	–	3	1	–	2
2	–	5	0	–	4	5	–	3	4	–	2	3	–	0
3	–	4	2	–	3	0	–	2	5	–	0	4	–	5

基本思路：定义一个数组（程序中用通过指针分配的一段连续空间实现，以达到空间动态按需分配的目的），依次将各队顺序号存入此数组 1~*n* 各元素（*n* 为参赛队数，参赛队为单数时队数增加一个补成双数，最后一队的队号为“0”），则每一轮中各个队之间的对阵关系下标为：*i* 对阵 *n*-*i*+1。输出一轮对阵关系后，将除了 1 号元素之外的其余所有元素逆时针轮转，再输出下一轮对阵关系，依次类推。

参考程序：

```
#include <stdio.h>
#include <stdlib.h>

int main()
{
    int n,*p,i,j,lunshu,changcishu=0,sf;
    FILE *fp;
    do
    {
        printf(" 请输入参赛人数（队数）: ");
        scanf("%d",&n);
    }while(n<=0);
    //根据实际参数队数分配空间，相当于定义一个包含 n+1 个元素的数组
    p=(int *)malloc(sizeof(int)*(n+1));
    if(p==NULL)
        printf("Error!\n");
    else
    {
        //依次将各队编号存放从 1 号下标开始的各元素中
        for(i=1;i<=n;i++)
```

```
            p[i]=i;
        if(n%2==1)                  //若队数为单数
        {
            n++;                    //队数加1
            p[n]=0;                 //最后一队用0补成双数
        }
        printf("是否将对阵关系输出至文件以方便编辑打印？（0-否    其他-是）：");
        scanf("%d",&sf);
        if(sf!=0)                   //以写方式打开文件
        {
            fp=fopen("对阵关系.txt","w");
            if(fp==NULL)
                printf("无法输出到文件！\n");
        }
        lunshu=n-1;                 //计算轮数，因为已经补成了双数，所以全部按双数情况计算
        for(j=1;j<=lunshu;j++)      //输出各轮对阵表
        {
            //输出到屏幕
            printf("第%2d轮：\n",j);
            //输出到文件
            if(sf!=0 && fp!=NULL)
                fprintf(fp,"第%2d轮：\n",j);
            for(i=1;i<=n/2;i++)
            {
                if(p[i]!=0 && p[n-i+1]!=0)          //对阵方无轮空
                    changcishu++;                   //场次数增1
                //输出到屏幕
                if(p[i]==0 || p[n-i+1]==0)          //对阵方有一方是空缺的0号
                    printf("           ：%2d---- 轮空\n",p[i]==0?p[n-i+1]:p[i]);
                else
                    printf("第%4d场：%2d----%2d\n",changcishu,p[i],p[n-i+1]);
                //输出到文件
                if(sf!=0 && fp!=NULL)
                    if(p[i]==0 || p[n-i+1]==0)      //对阵方有一方是空缺的0号
                        fprintf(fp,"：%2d---- 轮空\n",p[i]==0?p[n-i+1]:p[i]);
                    else
                        fprintf(fp,"第%4d场：%2d----%2d\n",changcishu,p[i],p[n-i+1]);
            }
            p[0]=p[n];              //先将最后一个放入0号
            for(i=n;i>=2;i--)       //依次将2--n各元素向下移一位
                p[i]=p[i-1];
            p[2]=p[0];//将原先存入0号的队号再存入2号，完成除了1号元素之外的逆时针轮转
        }
        if(sf!=0 && fp!=NULL)
        {
            fclose(fp);
            printf("\n对阵关系已存入文件\"对阵关系.txt\"。\n");
        }
    }
    system("pause");
    return 0;
}
```

6.BMP 文件

BMP 文件是 Windows 操作系统所推荐和支持的图像文件格式，是一种将内存或显示器的图像数据不经过压缩而直接按位存盘的文件格式，所以称为位图（Bitmap）文件。因其文件扩展名为 BMP，故称为 BMP 文件格式，简称 BMP 文件。

BMP 图像文件被分成 4 个部分：位图文件头（Bitmap File Header）、位图信息头（Bitmap Info Header）、颜色表（Color Map）和位图数据（即图像数据，Data Bits 或 Data Body），如表 4-2 所示。

表 4-2　BMP 图像文件的组成

第一部分	位图文件头 （14 字节）	WORD bfType;	0000 ~ 0001
		DWORD bfSize;	0002 ~ 0005
		WORD bfReserved1;	0006 ~ 0007
		WORD bfReserved2;	0008 ~ 0009
		DWORD bfOffBits;	000A ~ 000D
第二部分	位图信息头 （40 字节）	DWORD biSize;	000E ~ 0011
		LONG biWidth;	0012 ~ 0015
		LONG biHeight;	0016 ~ 0019
		WORD biPlanes;	001A ~ 001B
		WORD biBitCount;	001C ~ 001D
		DWORD biCompression;	001E ~ 0021
		DWORD biSizeImage;	0022 ~ 0025
		LONG biXPelsPerMeter;	0026 ~ 0029
		LONG biYPelsPerMeter;	002A ~ 002D
		DWORD biClrUsed;	002E ~ 0031
		DWORD biClrImportant;	0032 ~ 0035
第三部分	颜色表（调色板） 大小不定	每像素 1 bit 的位图有 2 个表项	
		每像素 8 bit 的位图有 256 个表项	
		每像素 24 bit 的位图没有表项	
		每表项长度为 4 字节（32 bit）	
第四部分	位图数据大小不定	像素按每行每列的顺序排列，每一行字节数扩展成 4 的位数	

（1）第一部分为位图文件头，是一个结构体，其定义如下：

```
typedef struct tagBITMAPFILEHEADER
{
    WORD  bfType;
    DWORD bfSize;
    WORD  bfReserved1;
    WORD  bfReserved2;
    DWORD bfOffBits;
} BITMAPFILEHEADER;
```

这个结构的长度是固定的，为 14 字节（WORD 为无符号 16 位整数，DWORD 为无符号 32 位整数），各个域的说明如下：

① bfType：指定文件类型，必须是 0x424D，即字符串 "BM"，也就是说所有 .bmp 文件的头两

个字节都是 "BM"。

② bfSize：指定文件大小，包括这 14 个字节。

③ bfReserved1、bfReserved2：为保留字，不用考虑。

④ bfOffBits：为从文件头到实际的位图数据的偏移字节数，即前三部分的长度之和，也就是图像数据区的起始位置。

(2) 第二部分为位图信息头，也是一个结构体，其定义如下：

```
typedef struct tagBITMAPINFOHEADER
{
    DWORD biSize;
    LONG  biWidth;
    LONG  biHeight;
    WORD  biPlanes;
    WORD  biBitCount;
    DWORD biCompression;
    DWORD biSizeImage;
    LONG  biXPelsPerMeter;
    LONG  biYPelsPerMeter;
    DWORD biClrUsed;
    DWORD biClrImportant;
} BITMAPINFOHEADER;
```

这个结构的长度是固定的，为 40 字节 (LONG 为 32 位整数)，各个域的说明如下：

① biSize：指定这个结构的长度，为 40 字节。

② biWidth：指定图像的宽度，单位是像素。

③ biHeight：指定图像的高度，单位是像素。这个值除了用于描述图像的高度之外，它还有另一用处，就是指明图像是倒向的位图，还是正向的位图。该值是一个正数，说明图像是倒向的，如果该值是负数，说明图像是正向的。大多数的 BMP 文件都是倒向的位图，也就是高度值是负值。

④ biPlanes：平面数，必须是 1，不用考虑。

⑤ biBitCount：指定表示颜色时要用到的位数，常用的值为 1（2 色单色位图，两种颜色，4（16 色位图），8（256 色位图），16（高彩色位图，共 65 536 色），24（24 位真彩色位图，共 16 777 216 色），新的 .bmp 格式支持 32 位色，这里不讨论。

⑥ biCompression：指定图像数据压缩的类型，取值范围。

• 0：BI_RGB：不压缩（最常用）。
• 1：BI＿RLE8：使用 8 位 RLE 压缩方式。
• 2：BI＿RLE4：使用 4 位 RLE 压缩方式。
• 3：BI＿BITFIELDS：位域存放方式，用于 16/32 位位图。
• 4：BI＿JPEG：位图含 JPEG 图像（仅用于打印机）。
• 5：BI＿PNG：位图含 PNG 图像（仅用于打印机）。

⑦ biSizeImage：指定实际的位图数据占用的字节数，其实也可以从以下公式中计算出来：

biSizeImage=biWidth′ × biHeight

注意：上述公式中的 biWidth’ 必须是 4 的整倍数（所以不是 biWidth，而是 biWidth’，表示大于或等于 biWidth 且最接近 4 的整倍数。例如，如果 biWidth=240，则 biWidth’ =240；如果 biWidth=241，则 biWidth′ = 244）。

如果 biCompression 为 BI_RGB，则该项可能为零。

⑧ biXPelsPerMeter：指定目标设备的水平分辨率，单位是像素 / 米。

⑨ biYPelsPerMeter：指定目标设备的垂直分辨率，单位是像素 / 米。

⑩ biClrUsed：指定位图实际使用的彩色表中的颜色数，如果该值为零则说明使用所有调色板项，用到的颜色数为 2 的 biBitCount 次幂，即 $2^{biBitCount}$。

⑪ biClrImportant ：指定图像中重要的颜色数，如果该值为零，则认为所有的颜色都是重要的。

(3)第三部分为颜色表(调色板)，当然，这里是对那些需要调色板的位图文件而言的。有些位图，如真彩色图，是不需要调色板的，位图信息头后直接是位图数据。

调色板实际上是一个数组，共有 biClrUsed 个元素（如果该值为零，则有 $2^{biBitCount}$ 个元素）。数组中每个元素的类型是一个 RGBQUAD 结构，占 4 字节，其定义如下 ：

```
typedef struct tagRGBQUAD
 {
    BYTE rgbBlue;          //该颜色的蓝色分量
    BYTE rgbGreen;         //该颜色的绿色分量
    BYTE rgbRed;           //该颜色的红色分量
    BYTE rgbReserved;      //保留值（32 位位图的透明度值 alpha，一般不需要）
 } RGBQUAD;
```

有些位图需要颜色表，有些位图（如真彩色图）则不需要颜色表，颜色表的长度由位图信息头结构中 biBitCount 分量决定。

①对于 biBitCount 值为 1 的二值图像，每像素占 1 bit，图像中只有两种（如黑白）颜色，颜色表也就有 2^1=2 个表项，整个颜色表的大小为 2 × size of (RGBQUAD) =2 × 4=8 字节。

②对于 biBitCount 值为 4 的 16 色图像，每像素占 4bit，图像中有 2^4=16 种颜色，颜色表也就有 16 个表项，整个颜色表的大小为 16 × size of (RGBQUAD)=16 × 4=64 字节。

③对于 biBitCount 值为 8 的图像，每像素占 8 bit，图像中有 2^8=256 种颜色，颜色表也就有 256 个表项，其中 8 位灰度图每个表项的 R、G、B 分量相等。整个颜色表的大小为个字节。

④对于 biBitCount=24 的真彩色图像，由于每像素 3 个字节中分别代表了 R、G、B 三分量的值，此时不需要颜色表，因此真彩色图的位图信息头结构后面直接就是位图数据。

⑤ 16 位位图表示位图最多有 2^{16} 种颜色，这种格式称为高彩色，或称增强型 16 位色，或 64K 色。

当 biCompression 成员的值是 BI_RGB 时，它没有调色板。16 位中，最低的 5 位表示蓝色分量，中间的 5 位表示绿色分量，高的 5 位表示红色分量，一共占用了 15 位，最高的一位保留，设为 0。这种格式也被称作 555 型 16 位位图。

如果 biCompression 成员的值是 BI_BITFIELDS，那么情况就复杂了，首先是原来调色板的位置被 3 个 DWORD 变量占据，称为红、绿、蓝掩码，分别用于描述红、绿、蓝分量在 16 位中所占的位置。在早期 Windows 95(或 98)中，系统可接受两种格式的位域：555 和 565。在 555 格式下，红、绿、蓝的掩码分别是 0x7C00、0x03E0、0x001F ；而在 565 格式下，它们则分别为 0xF800、0x07E0、0x001F。在读取一个像素之后，可以分别用掩码“与”上像素值，从而提取出想要的颜色分量（当然还要再经过适当的左右移操作）。在 NT 系统中，则没有格式限制，只不过要求掩码之间不能有重叠。(注 ：这种格式的图像使用起来是比较麻烦的，不过因为它的显示效果接近于真彩，而图像数据又比真彩图像小得多，所以，它更多被用于游戏软件)。新版的 Windows 中仍然可以使用。

(4) 第四部分是位图数据。对于用到颜色表（调色板）的位图，图像数据就是该像素颜在调色板中的索引值。对于真彩色图，图像数据就是实际的 R、G、B 值。下面针对 2 色、16 色、256 色位图和真彩色位图分别进行介绍。

①对于 2 色位图，用 1 位就可以表示该像素的颜色（一般 0 表示黑，1 表示白），所以 1 字节可以表示 8 像素。

②对于 16 色位图，用 4 位可以表示一个像素的颜色，所以 1 字节可以表示 2 像素。

③对于 256 色位图，1 字节刚好可以表示 1 像素。

④对于真彩色图，3 字节才能表示 1 像素。

要注意两点：

• Windows 规定一个扫描行所占的字节数必须是 4 的倍数，不足 4 的倍数则要补齐。假设图像的宽为 biWidth 像素、每像素 biBitCount 比特，其一个扫描行所占的真实字节数的计算公式如下：

DataSizePerLine = (biWidth * biBitCount/8+3)/4*4

那么，不压缩情况下位图数据的大小（位图信息头结构中的 biSizeImage 成员）计算如下：

biSizeImage = DataSizePerLine * biHeight

• 一般来说，BMP 文件的数据是从下到上，从左到右的。也就是说，从文件中最先读到的是图像最下面一行的左边第一个像素，然后是左边第二个像素……接下来是倒数第二行左边第一个像素，左边第二个像素……依次类推，最后得到的是最上面一行的最右一个像素。

下面通过实例说明 BMP 文件中各项意义：

将图 4-32 存为位图文件，右击文件名，在弹出的快捷菜单中选择“属性”命令查文件属性可知如下信息：宽度 500 像素，高度 450 像素，大小 659 KB（675054 字节），位深（颜色数）24，如图 4-33 所示。

图 4-32　实例图（一）

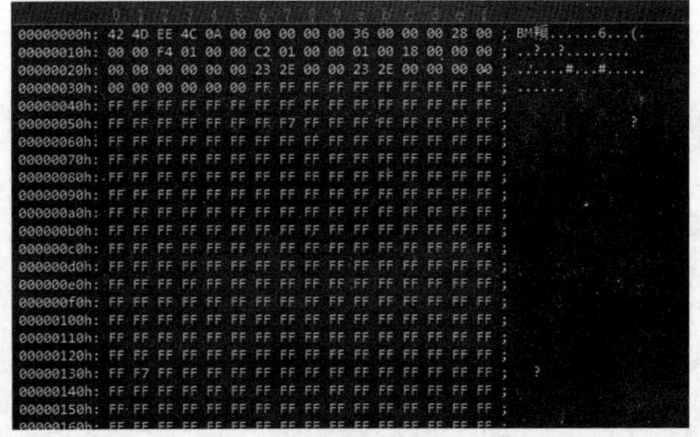

图 4-33　文件属性信息（一）

注意：在 BMP 文件中，如果一个数据需要用几字节来表示，那么该数据的存放字节顺序为“低地址存放低位数据，高地址存放高位数据”。

00 ～ 01：424Dh='BM'，表示这是 Windows 支持的位图格式。

02 ～ 05：000A4CEEh=675054B，通过查询文件属性发现一致。

06 ～ 09：这是两个保留段，为 0。

0A ～ 0D：00000036h=54，即从文件头到位图数据需偏移 54 字节。

0E-11：00000028h=40。位图信息头一般为 40 字节，历史上位图信息头原本有很多大小的版本。

12-15：000001F4h=500，图像宽为 500 像素，与文件属性一致。

16-19：000001C2h=450，图像高为 450 像素，与文件属性一致。这是正数，说明图像数据是从图像左下角到右上角排列的。

1A-1B：0001h，该值总为 1。

1C-1D：0018h=24，表示每个像素占 24 个比特，即该图像共有 2^{24}=16 777 216 种颜色。

1E-21：00000000h，BI_RGB，说明本图像不压缩。

22-25：00000000h，图像的大小，因为使用 BI_RGB，所以设置为 0。

26-29：00002E23h=11811，水平分辨率 11811。

2A-2D：00002E23h=11811，垂直分辨率 11811。

2E-31：00000000h=0，此时不需要颜色表，与 1C-1D 得到的结论一致。

32-35：00000000h=0，该值为零，则认为所有的颜色都是重要的。

36 至文件尾：图像数据。

另一实例：

将图 4-34 存为位图文件，查文件属性可知如下信息：宽度为 500 像素，高度 450 像素，大小：220 KB（226 080 字节），位深（颜色数）为 8，如图 4-35 所示。

图 4-34　实例图（二）

```
            0  1  2  3  4  5  6  7  8  9  a  b  c  d  e  f
00000000h: 42 4D 20 73 03 00 00 00 00 00 36 04 00 00 28 00 ; BM s......6...(.
00000010h: 00 00 F4 01 00 00 C2 01 00 00 01 00 08 00 00 00 ; ..?..?..........
00000020h: 00 00 EA 6E 03 00 23 2E 00 00 23 2E 00 00 00 00 ; ..阯..#...#.....
00000030h: 00 00 00 00 00 00 00 00 00 00 01 01 01 00 02 02 ; ................
00000040h: 02 00 03 03 03 00 04 04 04 00 05 05 05 00 06 06 ; ................
00000050h: 06 00 07 07 07 00 08 08 08 00 09 09 09 00 0A 0A ; ................
00000060h: 0A 00 0B 0B 0B 00 0C 0C 0C 00 0D 0D 0D 00 0E 0E ; ................
00000070h: 0E 00 0F 0F 0F 00 10 10 10 00 11 11 11 00 12 12 ; ................
00000080h: 12 00 13 13 13 00 14 14 14 00 15 15 15 00 16 16 ; ................
00000090h: 16 00 17 17 17 00 18 18 18 00 19 19 19 00 1A 1A ; ................
000000a0h: 1A 00 1B 1B 1B 00 1C 1C 1C 00 1D 1D 1D 00 1E 1E ; ................
000000b0h: 1E 00 1F 1F 1F 00 20 20 20 00 21 21 21 00 22 22 ; ......    .!!!.""
000000c0h: 22 00 23 23 23 00 24 24 24 00 25 25 25 00 26 26 ; ".###.$$$.%%%.&&
000000d0h: 26 00 27 27 27 00 28 28 28 00 29 29 29 00 2A 2A ; &.'''.(((.))).**
000000e0h: 2A 00 2B 2B 2B 00 2C 2C 2C 00 2D 2D 2D 00 2E 2E ; *.+++.,,,.---...
000000f0h: 2E 00 2F 2F 2F 00 30 30 30 00 31 31 31 00 32 32 ; ..///.000.111.22
00000100h: 32 00 33 33 33 00 34 34 34 00 35 35 35 00 36 36 ; 2.333.444.555.66
00000110h: 36 00 37 37 37 00 38 38 38 00 39 39 39 00 3A 3A ; 6.777.888.999.::
00000120h: 3A 00 3B 3B 3B 00 3C 3C 3C 00 3D 3D 3D 00 3E 3E ; :.;;;.<<<.===.>>
```

图 4-35　文件属性信息（二）

00-01：424Dh='BM'，表示这是 Windows 支持的位图格式。

02-05：00037320h=226080B，通过查询文件属性发现一致。

06-09：这是两个保留段，为 0。

0A-0D：00000436h=1078，即从文件头到位图数据需偏移 1 078 字节。

0E-11：00000028h=40。位图信息头一般为40字节。历史上位图信息头原本有很多大小的版本的。

12-15：000001F4h=500，图像宽为 500 像素，与文件属性一致。

16-19：000001C2h=450，图像高为 450 像素，与文件属性一致。这是正数，说明图像数据是从图像左下角到右上角排列的。

1A-1B：0001h，该值总为 1。

1C-1D：0008h=8，表示每个像素占 8 个比特。

1E-21：00000000h，BI_RGB，说明本图像不压缩。

22-25：00036EEAh=225002，图像的大小。

26-29：00002E23h=11811，水平分辨率 11811。

2A-2D：00002E23h=11811，垂直分辨率 11811。

2E-31：00000000h=0，该值为零则说明使用所有颜色表项，用到的颜色数为 2 的 8 次幂即 256。

32-35：00000000h=0，该值为零，则认为所有的颜色都是重要的。

36-435：颜色表，共 256 项，每项 4 个字节。

436 至文件尾：图像数据。

调色板其实是一张映射表，标识颜色索引号与其代表的颜色的对应关系。它在文件中的布局就像一个二维数组 palette[N][4]，其中 N 表示总的颜色索引数，每行的 4 个元素分别表示该索引对应的 B、G、R 和 Alpha 的值，每个分量占 1 字节。当不设透明通道时，Alpha 为 0。索引号就是所在行的行号，对应的颜色就是所在行的 4 个元素。这里截取一些数据来说明，如表 4-3 所示。

表 4-3　调色板部分数据

索引	蓝	绿	红	Alpha
0 号	fe	fa	fd	00
1 号	fd	f3	fc	00
2 号	f4	f3	fc	00
3 号	fc	f2	f4	00
4 号	f6	f2	f2	00
5 号	fb	f9	f6	00
…	…	…	…	…

调色板后面就是位图数据，每个像素占 1 字节，取得这个字节后，以该字节为索引查询相应的颜色，并显示到相应的显示设备上即可。

下面以 8 位及 24 位的位图为例，实现位图的常规操作示例。

参考程序：

```
#include<math.h>
#include <windows.h>
```

```
#include <stdio.h>
#include <stdlib.h>
unsigned char *pBmpBuf;                    //位图数据指针
int bmpWidth;                              //图像的宽
int bmpHeight;                             //图像的高
RGBQUAD *pColorTable;                      //颜色表指针
int biBitCount;                            //图像类型，每像素位数
//读图像的位图数据、宽、高、颜色表及每像素位数等数据进内存，存放在相应的全局变量中
char readBmp(char *bmpName)
{
    //定义位图文件头结构变量
    BITMAPFILEHEADER fileHeader;
    //定义位图信息头结构变量
    BITMAPINFOHEADER infoHeader;
    FILE *fp=fopen(bmpName,"rb");                    //二进制读方式打开指定的图像文件
    if(fp==NULL)
        return -1;
    else
    {
        fread(&fileHeader,sizeof(BITMAPFILEHEADER),1,fp);
        if(fileHeader.bfType!=0x4D42)                    //不是位图
            return -2;
        else
        {
            //跳过位图文件头结构 BITMAPFILEHEADER
            fseek(fp,sizeof(BITMAPFILEHEADER),0);
            //获取图像宽、高、每像素所占位数等信息
            fread(&infoHeader,sizeof(BITMAPINFOHEADER),1,fp);
            bmpWidth=infoHeader.biWidth;
            bmpHeight=infoHeader.biHeight;
            biBitCount=infoHeader.biBitCount;
            if(biBitCount!=8 && biBitCount!=24)   //不是 8 位或 24 位的图
                return -3;
            else
            {
                //定义变量，计算图像每行像素所占的字节数（必须是 4 的倍数）
                int lineByte=(bmpWidth*biBitCount/8+3)/4*4;
                if(biBitCount==8) //8 位灰度或彩色图像，有颜色表，且颜色表表项为 256
                {
                    //申请颜色表所需要的空间，读颜色表进内存
                    pColorTable=(RGBQUAD *)malloc(256*sizeof(RGBQUAD));
                    if(pColorTable==NULL)
                        return -4;
                    else
                        fread(pColorTable,sizeof(RGBQUAD),256,fp);
                }
                //申请位图数据所需要的空间，读位图数据进内存
                pBmpBuf=(unsigned char *)malloc(lineByte*bmpHeight);
                if(pBmpBuf==NULL)
                    return -5;
```

```
                else
                    fread(pBmpBuf,1,lineByte*bmpHeight,fp);
            }
        }
        fclose(fp);                         //关闭文件
        return 1;                           //读取文件成功
    }
}
//给定一个图像位图数据、宽、高、颜色表指针及每像素所占的位数等信息，将其写到指定文件中
char saveBmp(char *bmpName,unsigned char *imgBuf,int width,int height,int biBitCount,
RGBQUAD *pColorTable)
{
    //如果位图数据指针为 0，则没有数据传入，函数返回 0
    if(!imgBuf)
        return -4;
    else
    {
        if(biBitCount!=8 && biBitCount!=24)         //不是 8 位或 24 位的图
            return -3;
        else
        {
            //颜色表大小，以字节为单位，灰度图像颜色表为 1 024 字节（256 个表项，每个表项 4 个字节）
            //24 位彩色图像颜色表大小为 0
            int colorTablesize;
            if(biBitCount==8)  //8 位图
                colorTablesize=1 024;
            else               //24 位图
                colorTablesize=0;
            //待存储图像数据每行字节数为 4 的倍数
            int lineByte=(width*biBitCount/8+3)/4*4;
            //以二进制写方式打开文件
            FILE *fp=fopen(bmpName,"wb");
            if(fp==0)
                return -1;
            else
            {
                //申请位图文件头结构变量，填写文件头信息
                BITMAPFILEHEADER fileHeader;
                fileHeader.bfType=0x4D42;           //BMP 类型
                //bfSize 是图像文件 4 个组成部分之和
                fileHeader.bfSize=sizeof(BITMAPFILEHEADER)+sizeof(BITMAPINFOHE
            ADER)+colorTablesize+lineByte*height;
                fileHeader.bfReserved1=0;
                fileHeader.bfReserved2=0;
                //bfOffBits 是图像文件前 3 个部分所需空间之和
                fileHeader.bfOffBits=sizeof(BITMAPFILEHEADER)+sizeof(BITMAPINFO
            HEADER)+colorTablesize;
                //写文件头进文件
                fwrite(&fileHeader,sizeof(BITMAPFILEHEADER),1,fp);
```

```
                //申请位图信息头结构变量，填写信息头信息
                BITMAPINFOHEADER infoHeader;
                infoHeader.biSize=40;
                infoHeader.biWidth=width;
                infoHeader.biHeight=height;
                infoHeader.biPlanes=1;
                infoHeader.biBitCount=biBitCount;
                infoHeader.biCompression=0;
                infoHeader.biSizeImage=lineByte*height;
                infoHeader.biXPelsPerMeter=0;
                infoHeader.biYPelsPerMeter=0;
                infoHeader.biClrUsed=0;
                infoHeader.biClrImportant=0;
                //写位图信息头进文件
                fwrite(&infoHeader,sizeof(BITMAPINFOHEADER),1,fp);
                //如果是8位图，有颜色表，写入文件
                if(biBitCount==8)
                    fwrite(pColorTable,sizeof(RGBQUAD),256,fp);
                fwrite(imgBuf,height*lineByte,1,fp);
                //关闭文件
                fclose(fp);
                return 1;
            }
        }
    }
}

//旋转180°
char rotate180Bmp(char *bmpName,unsigned char *imgBuf,int width,int height,int
biBitCount,RGBQUAD *pColorTable)
{
    //如果位图数据指针为0，则没有数据传入，函数返回0
    if(!imgBuf)
        return -4;
    else
    {
        if(biBitCount!=8 && biBitCount!=24)         //不是8位或24位的图
            return -3;
        else
        {
            //颜色表大小，以字节为单位，灰度图像颜色表为1 024字节(256个表项，每个表项4个字节)
            //24位彩色图像颜色表大小为0
            int colorTablesize;
            if(biBitCount==8)                           //8位图
                colorTablesize=1 024;
            else                                        //24位图
                colorTablesize=0;
            //待存储图像数据每行字节数为4的倍数
```

```
    int lineByte=(width*biBitCount/8+3)/4*4;
    //以二进制写方式打开文件
    FILE *fp=fopen(bmpName,"wb+");
    if(fp==0)
        return -1;
    else
    {
        //申请位图文件头结构变量，填写文件头信息
        BITMAPFILEHEADER fileHeader;
        fileHeader.bfType=0x4D42;//BMP 类型
        //bfSize 是图像文件 4 个组成部分之和
        fileHeader.bfSize=sizeof(BITMAPFILEHEADER)+sizeof(BITMAPINFOHE
ADER)+colorTablesize+lineByte*height;
        fileHeader.bfReserved1=0;
        fileHeader.bfReserved2=0;
        //bfOffBits 是图像文件前 3 个部分所需空间之和
        fileHeader.bfOffBits=sizeof(BITMAPFILEHEADER)+sizeof(BITMAPINFO
HEADER)+colorTablesize;
        //写文件头进文件
        fwrite(&fileHeader,sizeof(BITMAPFILEHEADER),1,fp);
        //申请位图信息头结构变量，填写信息头信息
        BITMAPINFOHEADER infoHeader;
        infoHeader.biBitCount=biBitCount;
        infoHeader.biClrImportant=0;
        infoHeader.biClrUsed=0;
        infoHeader.biCompression=0;
        infoHeader.biHeight=height;
        infoHeader.biPlanes=1;
        infoHeader.biSize=40;
        infoHeader.biSizeImage=lineByte*height;
        infoHeader.biWidth=width;
        infoHeader.biXPelsPerMeter=0;
        infoHeader.biYPelsPerMeter=0;
        //写位图信息头进文件
        fwrite(&infoHeader,sizeof(BITMAPINFOHEADER),1,fp);
        //如果是 8 位图，有颜色表，写入文件
        if(biBitCount==8)
            fwrite(pColorTable,sizeof(RGBQUAD),256,fp);
        if(biBitCount==8)//8 位图的 180 度旋转
        {
            unsigned char t;
            for(unsigned int i=0;i<infoHeader.biSizeImage/2;i++)
            {
                t=*(imgBuf+i);
                *(imgBuf+i)=*(imgBuf+infoHeader.biSizeImage-1-i);
                *(imgBuf+infoHeader.biSizeImage-1-i)=t;
            }
        }
```

```
                else///24 位图的 180 度旋转
                {
                    unsigned char t;
                    for(unsigned int i=0;i<infoHeader.biSizeImage/2;i+=3)
                    {
                        t=*(imgBuf+i);
                        *(imgBuf+i)=*(imgBuf+infoHeader.biSizeImage-3-i);
                        *(imgBuf+infoHeader.biSizeImage-3-i)=t;
                        t=*(imgBuf+i+1);
                        *(imgBuf+i+1)=*(imgBuf+infoHeader.biSizeImage-2-i);
                        *(imgBuf+infoHeader.biSizeImage-2-i)=t;
                        t=*(imgBuf+i+2);
                        *(imgBuf+i+2)=*(imgBuf+infoHeader.biSizeImage-1-i);
                        *(imgBuf+infoHeader.biSizeImage-1-i)=t;
                    }
                }
                fwrite(imgBuf,height*lineByte,1,fp);
                //关闭文件
                fclose(fp);
                return 1;
            }
        }
    }
}
int main()
{
    char readPath[]="nv.bmp";
    char writePath[]="nvcpy.BMP";            //图片处理后再存储
    printf("%d\n",readBmp(readPath));
    printf("%d\n",saveBmp(writePath, pBmpBuf, bmpWidth, bmpHeight, biBitCount,
pColorTable));
    printf("%d\n",rotate180Bmp(writePath, pBmpBuf, bmpWidth, bmpHeight,biBitCount,
pColorTable));
    //清除缓冲区，pBmpBuf 和 pColorTable 是全局变量，在文件读入时申请的空间
    free(pBmpBuf);
    if(biBitCount==8)
        free(pColorTable);
    return 0;
}
```

7. 华氏温度与摄氏温度的换算公式

$$C=(F-32)*5/9$$

式中：C——摄氏温度；F——华氏温度。

编程将 0 ~ 300 间的华氏温度按间距为 5 转换为对应的摄氏温度，形成二者的对照表。

参考程序：

```
#include<stdio.h>
int main()
{
    printf("\n");
```

```
    double C,F;
    printf("华氏温度    摄氏温度\n");
    for(F=0;F<=300;F=F+5)
    {
        C=5*(F-32)/9;
        printf("%8.2f : %-8.2f\n",F,C);
    }
    return 0;
}
```

8. 计算铁路运费

已知从甲地到乙地，每张票托运行李不超过 50 kg 时，按每千克 0.13 元计，超过 50 kg 时，超过部分按每千克 0.2 元计算。输入行李重量（weight），计算运费（money）。

参考程序：

```
#include <stdio.h>
int main()
{
    float money,weight;
    printf("请输入货物重量(单位: 千克):");
    scanf("%f",&weight);
    if(weight<0)
        printf("数据错误! \n");
    else
    {
        if(weight<=50)
            money=weight*0.13;
        else
            money=50*0.13+(weight-50)*0.2;
        printf("总费用: %.2f\n",money);
    }
    return 0;
}
```

9. 求矩阵主副对角线元素之和

输入一个 $n \times n(n<=6)$ 的矩阵，求其主对角线元素之和及副对角线元素之和并输出。

参考程序：

```
#include <stdio.h>
#define N 6
int main()
{
    int i,j,n,sum1=0,sum2=0;
    int a[N][N];
    do
    {
        printf("Enter n(n<=6):");
        scanf("%d",&n);
    }while(n<=0 || n>N);
```

```
    printf("Enter data:\n");
    for(i=0;i<n;i++)
        for(j=0;j<n;j++)
        {
            scanf("%d",&a[i][j]);
            if(i==j)
                sum1+=a[i][j];
            if(i+j==n-1)
                sum2+=a[i][j];
        }
    printf("sum1=%d,sum2=%d\n",sum1,sum2);
    return 0;
}
```

10. 数表程序化

机械 CAD/CAM 中涉及的数表可归纳为 2 类：第 1 类数表中的数据为一些不同对象的各种常数数表，彼此间没有明显的关联，也不存在函数关系，只有对象和常数之间的一一对应关系；第 2 类数表中的数据存在函数关系，用以表达工程中某些复杂问题参数之间的关系。对于第 1 类数表可以采用编程语言中的一维数组、二位数组或多维数组的形式存放，将数表存放在数组中，本文利用 C 语言来实现第 1 类数表的程序化。

一维数表的程序化：一维数表是最简单的一种数表，下面结合表 4-4，用一维数组为例说明数据处理方法。

表 4-4　橡胶压缩量与单位压力值的关系

压缩量 /%	10	15	20	25	30	35
单位乐力 /MPa	0.26	0.50	0.74	1.06	1.52	2.10

将数表中的数据存入一维数组中，其中变量 a 为压缩量，变量 b 为单位压力值。

参考程序：

```
#include <stdio.h>
int main()
{
    int i,a;
    double b;
    double u[6]={0.26,0.50,0.74,1.06,1.52,2.10};
    printf("Input the value:");
    scanf("%d",&a);
    i=a/5-2;
    b=u[i];
    printf("b: %fMpa\n",b);
    return 0;
}
```

二维数表的程序化：在机械 CAD/CAM 中数表大多数是复杂的而且是多维的，此时要采用多维数组实现数表的程序化，以便查询和使用。现结合表 4-5 铸造外圆角的各量关系来说明数表的程序化。

表 4-5　铸造外圆角

表面的最小边尺寸（p）/mm	r 值 /mm					
	外圆角 α /（°）					
	<=50	50 ~ 75	75 ~ 105	105 ~ 135	135 ~ 165	>165
<=25	2	2	2	4	6	8
<25 ~ 60	2	4	4	6	10	16
<60 ~ 160	4	4	6	8	16	25
<160 ~ 250	4	6	8	12	20	30
<250 ~ 400	6	8	10	16	25	40
<400 ~ 600	8	8	12	20	30	50

利用二维数组存放待查询数据。变量 a 为外圆角，p 为表面的最小边尺寸，r 为外圆角的半径值。

参考程序：

```
#include <stdio.h>
int main()
{
    int i,j,a,p,r;
    int b[6][6]={2,2,2,4,6,8,2,4,4,6,10,16,4,4,6,8,16,25,4,6,812,20,30,6,8,10,
16,25,40,6,8,12,20,30,50};
    int c[6]={0,25,60,160,250,400};
    int d[6]={0,50,75,105,135,165};
    printf("Input the a and p value:");
    scanf("%d%d",&a,&p);
    for(i=0;i<6;i++)
        for(j=0;j<6;j++)
        {
            if(a>c[i]&&a<=c[i+1]&&(p>d[j]&&p<=d[j+1]))
                r=b[i][j];
            else
                if((a>c[5])&&(p>d[j]&&p<=d[j+1]))
                    r=b[5][j];
                else
                    if((p>d[5])&&(a>c[i]&&a<=c[i+1]))
                        r=b[i][5];
                    else
                        if(a>c[5]&&p>d[5])
                            r=b[5][5];
        }
    printf("r=%d\n",r);
    return 0;
}
```

11. 要求输出国际象棋棋盘

分析：用 i 控制行，j 来控制列，根据 i+j 的和的变化来控制输出黑方格还是白方格。

参考程序：

```
#include"stdio.h"
int main()
{
    int i,j;
    for(i=0;i<8;i++)
    {
        for(j=0;j<8;j++)
            if((i+j)%2==0)
                printf("■");
            else
                printf("□");
        printf("\n");
    }
    return 0;
}
```

12. 画一个空心圆

参考程序：

```
#include <stdio.h>
#include <math.h>
int main()
{
    int y;
    double x;
    double m;

    for(y=10;y>=-10;y--)                //r=10
    {
        m=2.5*sqrt(100-y*y);            //2.5 是屏幕调整系数
        for(x=0;x<30-m;x++)
        {
            printf(" ");
        }
        printf("*");
        for(;x<=30+m;x++)
        {
            printf(" ");
        }
        printf("*\n");
    }
    return 0;
}
```

13. 判断生产的零件是否合格

某工厂的一台机床，将生产的毛坯加工成直径为 10 cm 的圆孔零件，生产质量的指标是合格品的圆孔直径不超出 0.01 cm 的误差，否则为次品。请根据输入的圆孔零件直径数值输出该零件是合格品还是次品，可以连续输入，输入为 0 时结束。

参考程序：

```
#include <stdio.h>
```

```
int main()
{
    double d;
    do
    {
        printf("请输入圆孔零件直径数值（输入0时结束）:");
        scanf("%lf",&d);
        if(d>10.01||d<9.99)
            printf("该零件为次品! \n");
        else
            printf("该零件为合格品! \n");
    }while(d!=0);
    return 0;
}
```

14. 计算汽车行驶距离和燃油消耗

根据汽车行驶的起点和终点坐标，计算汽车行驶距离和燃油消耗。假定条件：①汽车行车路线为起点到终点的直线；②汽车初始位置坐标为(0,0)，燃油初始量为 90 L；③汽车行驶油耗为 6 L/km；④油耗不足时有提示。

参考程序：

```
#include <stdio.h>
#include <math.h>
struct car
{
    double x;                           //x坐标
    double y;                           //y坐标
    double fuel;                        //当前剩余燃油
};
int main()
{
    struct car begin,end;               //定义两个变量，分别对应起点和终点
    double d;                           //定义距离变量
    begin.x=0;
    begin.y=0;
    begin.fuel=80;
    printf("请输入终点坐标: ");
    scanf("%lf%lf",&end.x,&end.y);
    d=sqrt(pow(end.x-begin.x,2)+pow(end.y-begin.y,2));
    end.fuel=begin.fuel-d*6;            //燃油初始量减去油耗即为剩余燃油量
    if(end.fuel<0)
        printf("要到达终点油耗不足，估计还需%.2lf升! \n",fabs(end.fuel));
    else
        printf("能够到达终点，到达终点后燃油还剩% 2lf升! \n",end.fuel);
    return 0;
}
```

15. 判断日期

输入某年某月某日，判断这一天是这一年的第几天。

参考程序：

```
#include <stdio.h>
int main()
{
    int day,month,year,sum,leap,i;
    //每个月的天数，二月按 28 天计
    int everyMonth[13]={0,31,28,31,30,31,30,31,31,30,31,30,31};
    sum=0;
    printf("\n 请输入日期（格式为：年，月，日）：\n");
    scanf("%d,%d,%d",&year,&month,&day);
    //计算指定月份前面所有月份的总天数，二月先按 28 天计
    for(i=1;i<month;i++)
        sum+=everyMonth[i];
    sum=sum+day; //再加上当月某天的天数
    if(year%400==0||(year%4==0&&year%100!=0))//判断是不是闰年
        leap=1;
    else
        leap=0;
    //如果是闰年且月份大于 2，总天数应该加一天 */
    if(leap==1&&month>2)
        sum++;
    printf("是全年的第：%d 天。\n",sum);
    return 0;
}
```

16. 欧姆定律

在同一电路中，通过某段导体的电流跟这段导体两端的电压成正比，跟这段导体的电阻成反比。对应公式如下：

$$I=U/R$$

其中 I 为电流；U 为电压；R 为电阻。

现测得一组电压及电阻，对应数据如表 4-6 所示。

表 4-6　电压及电阻数据

电压 /V	220	220	110	110	220	220	220	110	220	220	110	220	220	110
电阻 /Ω	10	12	5	13	15	10	8	10	10	12.5	17	18	11	16

请计算对应的电流。

参考程序：

```
#include <stdio.h>
#define N 14
int main()
{
    int j;
    float U[]={220,220,110,110,220,220,220,110,220,220,110,220,220,110};
    float R[]={10,12,5,13,15,10,8,10,10,12.5,17,18,11,16};
    float I[N];
    for(j=0;j<N;j++)
```

```
        I[j]=U[j]/R[j];
    printf("\nU:");
    for(j=0;j<N;j++)
        printf("%8.2f",U[j]);
    printf("\nR:");
    for(j=0;j<N;j++)
        printf("%8.2f",R[j]);
    printf("\nI:");
    for(j=0;j<N;j++)
        printf("%8.2f",I[j]);
    printf("\n");
    return 0;
}
```

17. 求三角形面积

已知各三角形三边长度数据如表 4-7 所示。

表 4-7　三角形三边数据

a	129	97	117	183	99	176	91	189	199	171	138	88	172	152
b	135	110	103	144	169	104	170	171	183	149	170	115	61	167
c	50	70	50	50	90	50	42	50	50	920	740	50	50	50

利用海伦公式求三角形面积，若三边长不能构成三角形，则面积统一为 0。

海伦公式如下：

$$s=\sqrt{p(p-a)(p-b)(p-c)}$$

式中，$p=(a+b+c)/2$。

参考程序：

```
#include <stdio.h>
#include <math.h>
#define N 14
int main()
{
    int j;
    float a[]={129,97,117,183,99,176,91,189,199,171,138,88,172,152};
    float b[]={135,110,103,144,169,104,170,171,183,149,170,115,61,167};
    float c[]={50,70,50,50,90,50,42,50,50,920,740,50,50,50};
    float s[N],p;
    for(j=0;j<N;j++)
    {
        if((a[j]+b[j]>c[j])&&(b[j]+c[j]>a[j])&&(c[j]+a[j]>b[j])&&(a[j]>0)&&(b
[j]>0)&&(c[j]>0))
        {   //能组成三角形
            p=(a[j]+b[j]+c[j])/2;
            s[j]=sqrt(p*(p-a[j])*(p-b[j])*(p=c[j]));
        }//不能组成三角形
```

```
        else
            s[j]=0;
    }
    printf("\na:");
    for(j=0;j<N;j++)
        printf("%8.2f",a[j]);
    printf("\nb:");
    for(j=0;j<N;j++)
        printf("%8.2f",b[j]);
    printf("\nc:");
    for(j=0;j<N;j++)
        printf("%8.2f",c[j]);
    printf("\ns:");
    for(j=0;j<N;j++)
        printf("%8.2f",s[j]);
    printf("\n");
    return 0;
}
```

18. 废料最短的截法

将总长度已知的钢筋分别截成长度为 17 m 和 27 m 的小段，找请出废料最少的方案。

用穷举算法，列出所有可能的切割方案，再找出废料最少的方案即可。

参考程序：

```
#include<stdio.h>
int main()
{
    int alen=17,blen=27,a,b,c,cmin,len=123;
    //a 为 17 m 的根数，b 为 27 m 的根数，c 为废料长度
    //cmin 为最短废料长度，len 为钢筋总长度
    cmin=len;
    printf(" 以下为各种可能方案，最后一行就是废料最短的方案：\n");
    for(a=0;17*a<=len;a++)      // 尝试从 0 根到截 17 m 最多根数中的所有值
    {
        b=(len-17*a)/27;        //b 为 27 m 的根数
        c=(len-17*a)%27;        //c 为取余数，即废料长
        if(c<cmin)
        {
            cmin=c;
            printf("(%d 米 )%4d，(%d 米 )%4d，( 废料 )%4d\n",alen,a,blen,b,cmin);
        }
    }
    return 0;
}
```

19. 企业发放奖金

企业发放的奖金根据利润提成。利润 (i) 低于 10 万元时，奖金可提 10%；利润高于或等于 10 万元，低于 20 万元时，10 万以内部分按 10% 提成，高于 10 万元的部分，可提成 7.5%；20 万（包括 20

万）到 40 万（不包括 40 万）之间时，20 万以内按前述办法提成，高于 20 万元的部分，可提成 5%；40 万（包括 40 万）到 60 万（不包括 60 万）之间时 40 万以内按前述办法提成，高于 40 万元的部分，可提成 3%；60 万（包括 60 万）到 100 万（不包括 100 万）之间时，60 万以内按前述办法提成，高于 60 万元的部分，可提成 1.5%；高于 100 万元时，100 万以内部分按前述办法提成，超过 100 万元的部分按 1% 提成。从键盘输入当月利润 i，求应发放奖金总数。

参考程序：

```
#include<stdio.h>
int main()
{
    float i;
    double bonus;
    printf("请输入利润（单位：元）:");
    scanf("%f",&i);
    if(i<=100000)
        bonus=i*0.1;
    else
        if(i<200000)
            bonus=100000*0.1+(i-100000)*0.075;
        else
            if(i<400000)
                bonus=100000*0.1+100000*0.075+(i-200000)*0.05;
            else
                if(i<600000)
                    bonus=100000*0.1+100000*0.075+200000*0.05+(i-400000)*0.03;
                else
                    if(i<1000000)
                        bonus=100000*0.1+100000*0.075+200000*0.05+200000*0.03+
                    (i-600000)*0.015;
                    else
                        bonus=100000*0.1+100000*0.075+200000*0.05+200000*0.03+
                    400000*0.015+(i-1000000)*0.01;
    printf("bonus=%.4f\n",bonus);
    return 0;
}
```

20. 求平均分

青年歌手参加歌曲大奖赛，有 10 个评委打分，试编程求选手的平均得分（去掉一个最高分和一个最低分）。

参考程序：

```
#include<stdio.h>
#define N 10                          //评委人数
int main()
{
    float chengji[N+1];               //用于存放成绩的数组，0 号元素不存放有效数据
```

```
    float max,min;              //分别用于存放最高及最低分
    float sum,average;
    int i;
    //输入评委所打的成绩，同时求总分
    sum=0;
    printf("\n 请输入评委给选手所打的成绩: \n");
    for(i=1;i<=N;i++)
    {
        scanf("%f",&chengji[i]);
        sum+=chengji[i];
    }
    //求最高及最低分
    max=min=chengji[1];
    for(i=2;i<=N;i++)
    {
        if(chengji[i]>max)
            max=chengji[i];
        if(chengji[i]<min)
            min=chengji[i];
    }
    //从总分中减去最高及最低分
    sum=sum-max-min;
    average=sum/(N-2);          //求平均分
    printf("此选手的平均得分(去掉一个最高分和一个最低分): %.4f\n",average);
    return 0;
}
```

21. 收取水费

阶梯水费收费标准如表 4-8 所示。

表 4-8　阶梯水费收费标准

月用水量	不超过 10 吨部分	超过 10 吨不超过 16 吨部分	超过 16 吨部分
收费标准 /(元 / 吨)	2.00	2.50	3.00

编写程序，输入月用水量，输出应收费数据。

参考程序：

```
#include<stdio.h>
int main()
{
    float yongshuiliang;
    double shoufei;
    int sfjx;
    do
    {
        printf("请输入月用水量: ");
        scanf("%f",&yongshuiliang);
        if(yongshuiliang<0)
            printf("输入错误! \n");
        else
```

```
        {
            if(yongshuiliang<=10)
                shoufei=yongshuiliang*2.0;
            else
                if(yongshuiliang<=16)
                    shoufei=10*2.0+(yongshuiliang-10)*2.5;
                else
                    shoufei=10*2.0+6*2.5+(yongshuiliang-16)*3.0;
            printf("月用水量: %.2f, 应收费: %.2f\n",yongshuiliang,shoufei);
        }
        printf("是否继续（0 -结束     其他-继续）？ ");
        scanf("%d",&sfjx);
    }while(sfjx!=0);
    return 0;
}
```

22. 组成新的正整数

给定一个长度为 n 的数字字符串组成的正整数，去掉其中任意 k (k<n) 个数字后，剩下的数字按原顺序排列组成一个新的正整数。对于给定的 n 位正整数数字符串和正整数，设计一个算法找出剩下的数字组成的正整数最小的删除方案。例如，字符串为 "6312573755637"，去除 6 个数字得到的最小整数数字符串为 "1235537"。

找逆序（即前面大，后面小）对，删除较大者。

参考程序：

```
#include <stdio.h>
#include <string.h>
#define N 80
int main()
{
    char str[N+1];
    int i,j,n,m,yn;              //yn 用于判断数字串有是否有逆序对，1 -有，0 -无
    printf("请输入原始数字串: ");
    scanf("%s",str);
    printf("原始数字串为: %s\n",str);
    n=strlen(str);
    do
    {
        printf("请输入要删除的数的位数（0-%d）: ",n);
        scanf("%d",&m);
    }while((m<0)||(m>n));
    yn=1;
    while((m>0)&&(yn))          //有逆序对时删除较大者
    {
        yn=0;
        for(i=0;(str[i+1]!='\0')&&(yn==0);i++)
            if(str[i]>str[i+1])      //有逆序对
            {
                for(j=i;str[j+1]!='\0';j++)
                    str[j]=str[j+1];
                str[j]='\0';
```

```
                m--;
                yn=1;
            }
    };
    if(m>0)
        str[strlen(str)-m]='\0';
    printf("%s\n",str);
     return 0;
}
```

23. 显示当天课程表

试编写一个课程表查询程序，输入一周的某一天，能显示出当天的课表。假定课程表如表 4-9 所示。

表 4-9　课程表

	星期一	星期二	星期三	星期四	星期五	星期六	星期日
一	大学物理 (A)I	离散数学	离散数学	大学英语 Ⅱ	人机交互与界面设计		
	林树美	刘君	刘君	马燕	文静		
	[1 ~ 18 周]	[1 ~ 18 周]	[1 ~ 18 周]	[1 ~ 18 周]	[1 ~ 18 周]		
	[1 ~ 2 节]	[1 ~ 2 节]	[1 ~ 2 节]	[1 ~ 2 节]	[1 ~ 2 节]		
	教二楼 2502	教二楼 2503	教二楼 2506	教二楼 2500-2	教三楼 3308A		
二	人机交互与界面设计	大学英语 Ⅱ	大学物理 (A)I	高等数学 Ⅱ	数据结构与算法		
	文静	马燕	林树美	李学仕	达文姣		
	[1 ~ 18 周]	[1 ~ 18 单周]	[1 ~ 18 双周]	[1 ~ 18 周]	[1 ~ 18 周]		
	[3 ~ 4 节]	[3 ~ 4 节]	[3 ~ 4 节]	[3 ~ 4 节]	[3 ~ 4 节]		
	教三楼 3408	教二楼 2500-2	教二楼 2505	教二楼 2503	教二楼 2604		
三	数据结构与算法	高等数学 Ⅱ		中国近现代史纲要			
	达文姣	李学仕		马志丽			
	[1 ~ 18 周]	[1 ~ 18 周]		[1 ~ 18 周]			
	[5 ~ 6 节]	[5 ~ 6 节]		[5 ~ 6 节]			
	教二楼 2508	教二楼 2503		教二楼 2504			
四	传统手工	媒介广告艺术鉴赏	大学体育 Ⅱ（男）				国学智慧
	杨敏	雷鸣	刘军				魏赟
	[2 ~ 16 周]	[2 ~ 16 周]	[1 ~ 18 周]				[2 ~ 16 周]
	[7 ~ 8 节]	[7 ~ 8 节]	[7 ~ 8 节]				[7 ~ 8 节]
	教三楼 3110	教三楼 3110	操场				
五	大学口才	中国旅游目的地介绍	《读者》杂志十五讲	现代礼仪			
	宋运娜	蔡国英	王梦湖	马金莲			
	[2 ~ 16 周]	[2 ~ 16 周]	[2 ~ 16 周]	[2 ~ 16 周]			
	[9 ~ 10 节]	[9 ~ 10 节]	[9 ~ 10 节]	[9 ~ 10 节]			
	教三楼 3310	教三楼 3110	教三楼 3210	教二楼 2400			

每一节课的相关信息有5项，用结构体组织，整个课表由5大行（每行对应一节课）和7大列（每列对应一天）组成，用二维数组组织存放即可。

参考程序：

```
#include <stdio.h>
#include <stdlib.h>
#include <string.h>

int main()
{
    struct kechengType
    {
        char ccm[19];   //课程名
        char js[11];    //教师
        char skz[19];   //上课周
        char jc[13];    //节次
        char dd[21];    //地点
    };
    struct kechengType kc[5][7]=
    {
     "大学物理(A)I","林树美","[1 ~ 18周]","[1 ~ 2节]","教二楼2502","离散数学","刘君","[1 ~ 18周]","[1 ~ 2节]","教二楼2503","离散数学","刘君","[1 ~ 18周]","[1 ~ 2节]","教二楼2506","大学英语Ⅱ","马燕","[1 ~ 18周]","[1 ~ 2节]","教二楼2500-2","人机交互与界面设计","文静","[1 ~ 18周]","[1 ~ 2节]","教三楼3308A","","","","","","","","","","",
            "人机交互与界面设计","文静","[1 ~ 18周]","[3 ~ 4节]","教三楼3408","大学英语Ⅱ","马燕","[1 ~ 18单周]","[3 ~ 4节]","教二楼2500-2","大学物理(A)I","林树美","[1 ~ 18双周]","[3 ~ 4节]","教二楼2505","大学物理(A)I","林树美","[1 ~ 18双周]","[3 ~ 4节]","教二楼2505","数据结构与算法","达文姣","[1 ~ 18周]","[3 ~ 4节]","教二楼
    2604","","","","","","","","","","",
           "数据结构与算法","达文姣","[1 ~ 18周]","[5 ~ 6节]","教二楼2508","高等数学II","李学仕","[1 ~ 18周]","[5 ~ 6节]","教二楼2503","","","","","","中国近现代史纲要","马志丽","[1 ~ 18周]","[5 ~ 6节]","教二楼2504","","","","","","","","","","","","","","","",
         "传统手工","杨敏","[2 ~ 16周]","[7 ~ 8节]","教三楼3110","媒介广告艺术鉴赏","雷鸣","[2 ~ 16周]","[7 ~ 8节]","教三楼3110","大学体育Ⅱ(男)","刘军","[1 ~ 18周]","[7 ~ 8节]","操场","","","","","","","","","","","","","","","","国学智慧","魏赟","[2 ~ 16周]","[7 ~ 8节]","",
         "大学口才","宋运娜","[2 ~ 16周]","[9 ~ 10节]","教三楼3310","中国旅游目的地介绍","蔡国英","[2 ~ 16周]","[9 ~ 10节]","教三楼3110","《读者》杂志十五讲","王梦湖","[2 ~ 16周]","[9 ~ 10节]","教三楼3210","现代礼仪","马金莲","[2 ~ 16周]","[9 ~ 10节]","教二楼2400","","","","","","","","","","","","","","",""
    };
    int xq;             //待查星期编号(1—7)
    int sfjx;
    int r,c;
    printf("完整课表如下: \n");
    for(r=0;r<5;r++)
    {
```

```
        printf("第%d节: \n",r+1);
        for(c=0;c<7;c++)
            printf(" 星  期 :%d%-18s%-10s%-20s%-6s%-20s\n",c+1,kc[r][c].
    ccm,kc[r][c].js,kc[r][c].skz,kc[r][c].jc,kc[r][c].dd);
    }
    system("pause");
    do
    {
        system("cls");
        do
        {
            printf("请输入待查星期编号(1 — 7): ");
            scanf("%d",&xq);
        }while(xq<1 || xq>7);
        printf("\n星期%d: \n\n",xq);
        for(r=0;r<5;r++)
            printf("  第%d节: %-20s%-10s%-20s%-6s%-20s\n",r+1,kc[r][xq-1].ccm,
        kc[r][xq-1].js,kc[r][xq-1].skz,kc[r][xq-1].jc,kc[r][xq-1].dd);
        printf("\n\n是否继续(0-结束     其他-继续):");
        scanf("%d",&sfjx);
    }while(sfjx!=0);
    return 0;
}
```

24. 求齿轮的齿顶圈、齿根圈、转速和中心距

现有 10 组传统齿轮，相关参数如表 4-10 所示。

表 4-10　齿轮的相关参数

组号	模数 m/mm	齿数 z_1	齿数 z_2	主动轮转速 n_1 (r/min)	z_1 齿顶圆 d_a	z_1 齿根圆 d_f	z_1 分度圆 d	从动轮的转速 n_2/r/min	中心距 a/mm
1	4	30	45	950					
2	5	30	45	950					
3	6	30	45	950					
4	7	30	45	950					
5	8	30	45	950					
6	9	50	60	1 200					
7	10	50	60	1 200					
8	11	50	60	1 200					
9	12	50	60	1 200					
10	13	50	60	1 200					

两只模数 m=5 mm 的齿轮，齿数分别为 $z_1 = 30$，$z_2 = 45$，主动轮齿数 $z_1 = 30$ 的齿轮其转速为 $n_1 = 950$ r/min，求 z_1 齿顶圆 d_a，齿根圆 d_f，分度圆 d 及从动轮的转速 n_2 和中心距 a。

外啮合标准直齿圆柱齿轮传动几何尺寸计算公式如表 4-11 所示。

表 4-11　外啮合标准直齿圆柱齿轮传动几何尺寸计算公式

基本参数：模数 *m*，齿数 *z*		
名　称	代　号	公　式
模数	m	由强度计算或结构设计确定，并按后表取为标准值
压力角	α	$\alpha=20^\circ$
齿距	p	$p=\pi m$
分度圆直径	d	$d=zm$
齿顶高	h_a	$h_a=h * a \cdot m=m,(h * a=1)$
齿根高	h_f	$h_f=(h * a+c *)m=1.25m,(h * a=1,c * =0.25)$
齿全高	h	$h=h_a+h_f=2.25m$
齿顶圆直径	d_a	$d_a=d+2h_a=(z+2)m$
齿根圆直径	d_f	$d_f=d-2h_f=(z-2.5)m$
中心距	a	$a=(d_1+d_2)/2=(z_1+z_2)m/2$
齿数比	u	w

渐开线圆柱齿轮模数如表 4-12 所示。

表 4-12　渐开线圆柱齿轮模数

第一系列	0.1	0.12	0.15	0.2	0.25	0.3		0.4	0.5	0.6		0.8	
第二系列							0.35				0.7		0.9
第一系列	1	1.25	1.5		2		2.5		3				
第二系列				1.75		2.25		2.75		（3.25）	3.5	（3.75）	
第一系列	4		5		6			8		10		12	
第二系列		4.5		5.5		（6.5）	7		9		（11）		
第一系列		16		20		25		32		40		50	
第二系列	14		18		22		28		36		45		

注：优先选用第一系列，括号内的数值尽可能不用，非标，不好加工。

将原始的 10 组数据先存入文件 data.txt，从此文件中逐组读取数据，按上述公式计算相应结果即可。

参考程序：

```
#include <stdio.h>
#include <stdlib.h>

int main()
{
    double m;
    double z1;
    double z2;
    double n1;
    double da;
    double df;
    double d;
    double n2;
    double a;
    FILE *fp;
```

```
        int i=1;
        fp=fopen("data.txt","r)");
        if(fp==NULL)
        {
            printf("文件无法打开! \n");
            return -1;
        }
        else
        {
            do
            {
                fscanf(fp,"%lf%lf%lf%lf",&m,&z1,&z2,&n1);
                da=m*(z1+2);
                df=m*(z1-2.5);
                d=m*z1;
                n2=n1*z1/z2;
                a=m*(z1+z2)/2;
                printf("%2d:%10.2f%10.2f%10.2f%10.2f%10.2f%10.2f%10.2f%10.2f%10.
2f\n",i++,m,z1,z2,n1,da,df,d,n2,a);
            }while(!feof(fp));
            fclose(fp);
        }
        system("pause");
        return 0;
    }
```

25. 炮弹发射的角度确定问题

将炮弹发射视为斜抛运动，已知初始速度为 200 m/s，问要击中水平距离 360 m，垂直距离 160 m 的目标，当忽略空气阻力时发射角应为多少？绘制运行轨迹图。

分析：首先建立坐标系，以水平方向为 x 轴，垂直方向为 y 轴。

第一种情况：当忽略空气阻力时根据抛物线运动的规律。

在水平方向上，炮弹是匀速直线运动，设初始速度为 v_0，在 t 时刻，运动方程为：

$$x_0=v_0\cdot\cos(\theta)\cdot t \quad ----①$$

在垂直方向上，在 t 时刻，运动方程为：

$$y_0=v_0\cdot\sin(\theta)\cdot t-\frac{1}{2}\cdot g\cdot t^2----②$$

变换①得：

$$t=\frac{x_0}{v_0\cdot\cos(\theta)}----③$$

变换②得：

$$\sin(\theta)=\frac{y_0+\frac{1}{2}\cdot g\cdot t^2}{v_0\cdot t}----④$$

将③代入④并变换得：

$$\frac{y_0\cdot\cos(\theta)}{x_0}=+\frac{1}{2}\cdot\frac{g\cdot x_0}{v_0^2\cdot\cos(\theta)}-\sin(\theta)=0----⑤$$

其中参数，v_0=200 m/s，x_0=360 m，y_0=160 m，重力加速度 g=9.8 m/s^2。

θ 取值在 0° ~ 90° 范围内。

参考程序：

```
#include <stdio.h>
#include <math.h>
#include <graphics.h>
#define PAI 3.1415926
#define SFPS 10                              //缩放倍数
#define DELAYTIME 1                  //延迟时间，以便实现动画效果
double V0=200;
double X0=360;
double Y0=160;
double G=9.8;
double f(double theta)         //返回方程值，参数theta为角的大小，单位为弧度
{
    return (Y0*cos(theta)/X0+G*X0/V0/V0/cos(theta)/2-sin(theta));
}
//求方程根，通过参数x返回，单位为弧度。若成功则函数返回1，否则返回0
//参数a和b确定初始区间
int fun(double *x,double a,double b)
{
    //a,b分别存放区间下界及上界，x1存放区间中点,fa、fb、fx1分别存放对应各点函数值
    //jqd存放精确度值
    double x1,fa,fb,fx1,jqd=0.00001;
    fa=f(a);
    fb=f(b);
    if(fa*fb==0)
        if(fa==0)
        {
            *x=a;
            return 1;
        }
        else
        {
            *x=b;
            return 1;
        }
    else
        if(fa*fb>0)
            return 0;
        else
        {
            while(b-a>jqd)
            {
                x1=(a+b)/2;
                fa=f(a);
                fx1=f(x1);
                if(fx1==0)
                {
                    b=x1;
                    a=x1;
                }
```

```
                else
                    if(fa*fx1<0)
                        b=x1;
                    else
                        a=x1;
            }
            *x=x1;
            return 1;
        }
}
int main()
{

    double t,theta,a,b;
    char result[30];
    int x,y,width,height,margin=60;          //margin 为页面边距

    height=int(Y0);
    width=int(X0);

    initgraph(width+2*margin,2*height+2*margin);// 初始化为图形模式，指定宽度及高度
    setorigin(margin,height+margin);         // 设置逻辑坐标原点

    for(t=0;t<=width+margin/2;t++)           // 绘制横坐标
    {
        x=int(t);
        y=0;
        putpixel(x,y,WHITE);
    }
    for(t=width+margin/3,y=margin/6;t<=width+margin/2;t++)      // 绘制横坐标箭头
    {
        x=int(t);
        putpixel(x,-y,WHITE);
        putpixel(x,y,WHITE);
        y--;
    }
    for(t=-height-margin/2;t<=height+margin/2;t++)              // 绘制纵坐标
    {
        x=0;
        y=int(t);
        putpixel(x,y,WHITE);
    }
    for(t=-height-margin/3,x=margin/6;t>=-height-margin/2;t--)// 绘制纵坐标箭头
    {
        y=int(t);
        putpixel(-x,y,WHITE);
        putpixel(x,y,WHITE);
        x--;
    }
    Sleep(1000);
    // 分析可知，在 [0,π/3] 和 [π/3,π/2] 中各有一个根。
    a=0;
    b=PAI/3;
    if(fun(&theta,a,b)==1)
    {
```

```
        //输出图像。C语言中图像纵坐标越向下越大，与现实刚好相反，因此将纵坐标取反
        for(t=0;t<=X0/V0/cos(theta);t+=0.001)
        {
            x=int(V0*cos(theta)*t);
            y=-int((V0*sin(theta)*t-G*t*t/2)/SFPS);
            putpixel(x,y,RED);
            Sleep(DELAYTIME);
        }
        //输出发射角，以度为单位
        gcvt(theta*180/PAI,6,result);                //转换角度值为字符串
        outtextxy(x-40,y+20,result);                 //在指定位置输出
    }
    a=PAI/3;
    b=PAI/2;
    if(fun(&theta,a,b)==1)
    {
        //输出图像。C语言中图像纵坐标越向下越大，与现实刚好相反，因此将纵坐标取反
        for(t=0;t<=X0/V0/cos(theta);t+=0.001)
        {
            x=int(V0*cos(theta)*t);
            y=-int((V0*sin(theta)*t-G*t*t/2)/SFPS);
            putpixel(x,y,RED);
            Sleep(DELAYTIME);
        }
        //输出发射角，以度为单位
        gcvt(theta*180/PAI,6,result);         //转换角度值为字符串
        outtextxy(x-20,y-20,result);          //在指定位置输出
    }
    system("pause");
    closegraph();
    return 0;
}
```

程序运行结果如图4-36所示。

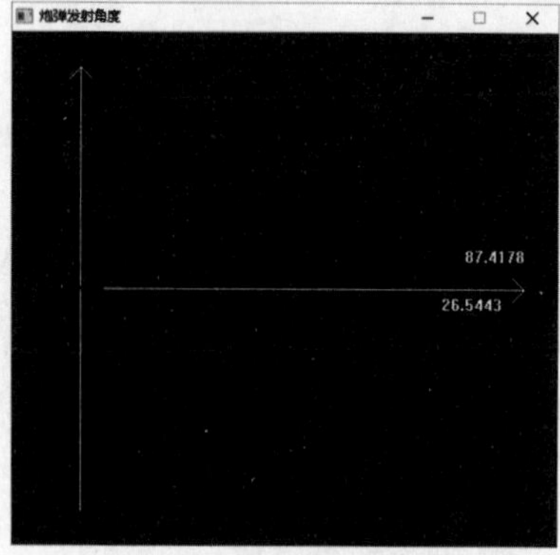

图4-36　程序运行结果

三、实验要求

（1）写出所有程序，运行调试，验证结果。

（2）总结函数求解各类算法的设计原理及程序设计技巧。